THE MIKIHOUSE STYLE
Koichi Kimura

ミキハウス・スタイル

惚れて通えば千里も一里

MIKI HOUSE

木村皓一

著者（中央）とアテネ五輪出場を決めた野村忠宏選手（左）、福原愛選手

ミキハウス所属のアスリートたち

卓球部：小西杏（右）／シドニー五輪出場　平成14･15年度全日本選手権ダブルス優勝
福原愛／03年世界選手権ベスト8　平成14･15年度全日本選手権ダブルス優勝
04年世界選手権女子団体銅メダル　アテネ五輪出場

卓球部：松下浩二／バルセロナ・アトランタ・シドニー・アテネ五輪出場

卓球部：藤沼亜衣／シドニー・アテネ五輪出場　04年世界選手権女子団体銅メダル

卓球部：平野早矢香／03年デンマークオープンU－21優勝
平成15年度年全日本選手権優勝　04年世界選手権女子団体銅メダル

柔道部：北田佳世／女子48kg級　03年福岡国際、04年フランス国際優勝

柔道部：薪谷翠／女子78kg超級　03年世界選手権出場　04年ドイツ国際準優勝

左頁）柔道部：野村忠宏／男子60kg級 アトランタ、シドニー五輪金メダル 04年フランス国際優勝 アテネ五輪出場

miki
HOUSE
野村
野村

アーチェリー部：松下紗耶未／03年世界選手権（NY）女子団体銀メダル　アテネ五輪出場

アーチェリー部：川内紗代子／シドニー五輪5位入賞　03年世界選手権（NY）女子団体銀メダル
アテネ五輪出場

ソフトボール部：メラニー・ローチ（右）とナタリー・ワード／アトランタ・シドニー・アテネ五輪出場（オーストラリア代表）

テニス部：森上亜希子／03年4大大会出場
04年全豪・全仏出場

ソフトボール部：田中幹子／02年世界選手権銀メダル

陸上部：三宅貴子／女子やり投げ
01年日本新記録樹立　03年世界選手権出場

陸上部：奥迫政之／男子400m、4×400mリレー　02年アジア大会4位

陸上部：ハニカット陽子／女子走り高跳び
シドニー五輪出場

陸上部：坂上香織／女子100m、4×100mリレー
04年4×100mリレーで日本新記録更新
世界選手権出場

左頁）陸上部：杉林孝法／男子三段跳び
シドニー五輪出場　03年日本選手権優勝（標準記録A突破）　03年世界選手権出場

日動火災
18

水泳部：森隆弘／男子個人メドレー　04年日本選手権200m個人メドレー2位
400m個人メドレー3位　アテネ五輪出場

水泳部：鈴木絵美子／シンクロナイズドスイミング
04年アテネ五輪予選会準優勝　アテネ五輪出場

水泳部：錦織篤／男子背泳ぎ
04年日本選手権100m背泳ぎ2位

水泳部：宮嵜多紀理（右）／女子高飛込、シンクロナイズド高飛込　01年世界選手権シンクロ銅メダル
04年W杯高飛込銅メダル　アテネ五輪出場
大槻枝美／女子高飛込、シンクロナイズド高飛込　01年世界選手権シンクロ銅メダル

470
JPN
3940
mikiHOUSE

バルセロナ五輪で金メダルを獲得した岩崎恭子／現在はミキハウス社員

五輪三大会連続出場の経験をもつ高飛込の金戸恵太／現在もミキハウス社員として後進の指導にあたっている

ミキハウス所属選手として女子柔道で五輪銀メダルを二回獲得した田辺陽子さん／現在は日本大学講師

右頁）ヨット部：近藤愛と須長由季／470級 03年全日本実業団ヨット選手権大会優勝

木村皓一・フォトアルバムより

5歳頃（右から2人目）

18歳頃

中学生の頃

25歳　新婚旅行で好子夫人（現在「ミキハウス」ブラントのチーフデザイナー）と

昭和51年、31歳　日本リクルートセンターでの会社説明会

平成15年　甲子園球場で（撮影協力：阪神甲子園球場）

ミキハウス・スタイル

惚れて通えば千里も一里

はじめに

二〇〇四年、アテネオリンピック。ミキハウスからは十数人ものスポーツ選手がオリンピック出場の夢をかなえ、いよいよ世界のステージでの挑戦を果たします。

多くの方々には意外に感じられるかもしれません。「子ども服の会社から、なぜオリンピック選手？」と。たしかに、ミキハウスは子ども服のトップブランドといわれるようになりましたが、上場もせず、本社は大阪の八尾です。

ミキハウスは、一九七一年の創業以来、当たり前のことを当たり前にやってきただけです。私たちは子どもたちのすこやかな成長を支え、豊かな子ども文化を育むお手伝いをしてきました。オリンピックを目指し、スポーツにかける若者の夢を応援することも、ひいては子どもたちに夢を与えることでもあります。

ミキハウスはミキハウスなりのやり方で、夢に向かって走り続けてきました。

「惚れて通えば千里も一里」という言葉があります。一途な気持ちがあれば、どんなに苦労をしても苦にならないという意味だと思います。ビジネスでも同じです。とことん惚れ込めば、すさまじい努力も喜びをもってできるものです。ミキハウスが誇る高品質も、社会貢献も、スポーツ支援もすべては子どもたちの未来のために、地道に継続してきたことです。経済環境の厳しいなか、ちょっと変わった会社かもしれません。身にあまる夢を追っているかもしれません。けれどこんな会社が一社くらいあっていい。そう信じています。

ミキハウスを一本の木とすると、お客様にお届けする商品は木の幹、社会貢献は空に向かって伸びる枝、その根の部分が企業哲学と言えるでしょう。本書は、今まであえてお伝えすることのなかった私自身の半生も含め、ミキハウスの歩みと企業哲学を綴っております。また仕事への姿勢や日頃の私自身の思いを率直に語っております。失敗も挫折もたくさんあります。

経営者の方々や、ビジネスマン、未来を模索している学生の方々、あるいは子どもをもつお母さん方と語り合いたいことがたくさんあります。企業経営も人づき合いや生き方も基本は同じです。立場を超えてわかり合えることがあると思います。本書がそのきっかけになれば幸いです。

二〇〇四年　春

木村皓一

目次

お店にとって何かお役に立つことはないですか？
どん底でつかんだ商いの本質
創業時からのふたつの方針
秘訣は僕の情報力と女房のセンス
売上げをあげてしまった
フレッシュな才能との出会い
コンセプトは「ワンルックトータル」
原宿に東京進出の直営一号店
品質は一番いい。その代わり値段も一番高かった
汗をかいて、その汗を評価してもらうのが商売

第四章　人材採用と育成の秘密

住宅会社と間違えられることも
社会的な責任を果たす「企業」を目指して
将来のビジョンを見据えることが大事

柔道教室で教えたいこと

第七章　夢に向かって　―これからのミキハウス―

三百坪以上のショップ出店へ
時代の流れの変化をとらえるマーケティング
データを使いこなして役立てる力
お客様の信頼、企業にそれ以上のものはない
人間だからこそ情が大切
人間関係では八対二の関係を保つこと
自分の値打ちは自分でつける
情のある経営
国はもっと若い人に支援を
新しい角度から発想することが現状打破につながる
世界一周とアメリカ進出の夢
海外を攻めるのはこれから

第一章　オリンピックへの道

社員一人ひとりの胸に、小さな聖火がともる

二〇〇四年（平成十六年）は、ミキハウスにとって、晴れがましいオリンピック・イヤーとなることでしょう。私たちは、一九九二年（平成四年）のバルセロナ大会からオリンピック選手を送り出していますが、今回のアテネ・オリンピックには、ミキハウス所属の選手が十五人ちかく出場します。これは大変なことです。

考えてみてください。例えば高校野球で甲子園に行くというだけでも、地元では話題になるものです。でも、甲子園球児って何人いるでしょう。四十チーム出て、一チームで二十五人。ざっと計算しても、春・夏で年間二千人もの甲子園球児がいる計算になります。それがオリンピックの場合は、四年に一度それぞれの選考を経て選ばれた国を代表する選手です。そのうえメダルをとるといったら、もう尋常ではないですよ。

彼らは人間的にも一流なんです。ただ才能や身体能力に優れているだけではないんです。努力、向上心、素直さ、そして何よりも自分の夢に向かっての一途さが素晴らしいですね。話をしていても気持ちがいいです。

今の日本で「自分には夢がある」と言い切れる人がどれだけいるでしょうか。特に若者

や子どもたちに聞いてみたいものです。今、いろいろな社会問題がありますが、その根底に目を向ければ、若い世代が夢や目標を見失っていることこそ問題なのではないかという思いがしてなりません。

われわれのスポーツ支援も、地道に継続してきたことが実を結んで、大勢の選手がオリンピックにも出場するようになりました。この人たちが頑張って、子どもたちに少しでもいい影響を与えられるようになればいいと思います。それが切なる願いです。

ミキハウスが抱えるスポーツクラブは十競技で選手は約一〇〇人。

よく「選手がオリンピックに出て、すごい宣伝効果ですね」と言われたりもします。しかし選手がオリンピックで活躍しても、だからといってミキハウスの商品が売れるわけではありません。ミキハウスの商品を愛するお客様がお買い上げくださるわけで、知名度が上がることと本業とは直接の関連性は薄いといえるでしょう。企業宣伝のためではありません。

二〇〇二年（平成十四年）の釜山アジア大会ではミキハウスから十三人の選手が出場し、十個のメダルを獲得しています。アテネ・オリンピックでも大きな期待が寄せられています。これはわれわれミキハウスにとっての誇りです。社員一人ひとりの胸に、小さな聖火がともることでしょう。

トップアスリートと同じ社員であることは、社員への勇気づけになります。テレビでオリンピックを見ているだけでも感動しますよね。スポーツは百万の言葉を超えたメッセージです。見ているこちら側も心が熱くなるし、感動は人に、人としての原点を教えてくれます。

ミキハウスでは世界の檜舞台で活躍している選手たちと社員の交流の機会も多く、二〇〇三年四月には野村忠宏の全日本選抜柔道体重別選手権大会の応援に、新入社員全員で行きました。また、前年の釜山アジア大会報告会では直営店の売上げ上位店の表彰も同時に行われ、アジア大会に出場した選手と、全国の優秀店長たちとの交流が図られました。

社員は選手に仲間意識を覚え、選手の方は「こんなに応援されているんだ」と実感できたはずです。そんななかから社員と選手の連帯感が生まれていきます。トップアスリートたちのモチベーションの高さ、徹底した自己コントロールのありかたは、やはり素晴らしいものがあります。社長が長々と訓示を垂れるよりも、よい教育になるのではないでしょうか。

景気不安定なときだからこそ、スポーツ支援を

ミキハウスのスポーツ支援が注目されるようになったのは最近のことです。ミキハウスの選手たちの地道な努力があって、今ようやく花開きつつあるのです。けれど表舞台にでるまでは、だれも分からない。卓球でもヨットでも、だからマイナースポーツと言われる。それでメダルをとったときにはじめて、みんなびっくりするんですね。

ミキハウスにはスポーツ選手がたくさんいて、「じゃあ、有名なのは誰だ」と言っても、よくテレビに出ているのは卓球少女の福原愛ちゃんくらいかもしれません。

柔道でも女子柔道の実業団というのが当時まだなかったんですよ。マイナーでしたからね。柔道関係は僕のところ一社しかなかったですね。僕らが支援を始めたのは女子柔道が、まだオリンピックの種目にはなかった当時です。正式種目になったのはその後からですね。ですから、スポーツを支援するのに動機づけは重要です。やっぱりスポンサーになるとこんなに宣伝効果があるからやろうというのはだめでしょう。いい選手をつくることはできないでしょうね。

日本は先の見えない時代がずっと続いています。企業にとっても非常に厳しい時代です。

今は、企業スポーツにとって冬の時代なのだそうです。今までスポーツ支援をされてきた大企業でさえ、クラブを手放したり後援を降りたりされています。しかし、そもそもどういった思想信念を持ってスポーツ支援をされていたのでしょうか。企業スポーツのあり方を考えざるを得ません。あえて今だから、やらなければならないのではないでしょうか。

特にマイナーなスポーツを続けられる環境が乏しいんですよ、日本は。スポーツ支援、文化支援っていうのは本当は国がやることです。でもそれがなされていない。かたや現実に必死で頑張っている若者がいる。その姿は尊い。

そして本当に素質を持った選手は、環境を整えてやりさえすれば、ぐんぐん伸びるんですよ。ならば誰かが支援してやらなければ。経済的な基盤がなければ、安心して競技ができません。彼らも家族があり、生活があるんですから。ミキハウスではスポーツ選手も基本的に社員扱いです。野球部とソフトボール部は午前中に仕事をしていますが、それ以外の仕事はそれぞれの練習に集中すること。

それがミキハウスです。そんな会社が一社くらいあってもいいでしょ？

みんながそれぞれの夢を持ってチャレンジすれば！

ミキハウスはスポーツ選手を広告塔には使いません。卓球の愛ちゃんだって、コマーシャルには使いません。選手は、子ども達に夢と感動を与えてくれればいいんですよ。

二〇〇四年現在、愛ちゃんは十五歳になったところ。若いです。彼女は小学二年生でミキハウスに来て、本当に成長しました。コーチが「練習しすぎる。止めなきゃいかん」というくらい練習好きなんです。そして素直。あんなに素直な子はいないと思います。ひとつのことを夢見ていますから。

可能性を広げるために、どんどん海外での経験を積ませました。「日本選手権には出なくてもいい。日本で一番になるよりも世界の頂点をめざせ」と言いました。二〇〇三年に史上最年少の十四歳で世界卓球選手権に出場し、女子シングルスで八位に躍進しましたね。

中学生たちがみんなああだったらね。みんながそれぞれの夢を持ってチャレンジしなければ。個性があっていいわけであって、英語が好きな人は英語の勉強を一生懸命したらいいし、テニスが好きな人だったらそれをやったらいいし、卓球だっていい。個性があっていいのにね。なかなかそういう夢を持てない、大人もそれを教えられない時代になってきています。

世の中が殺伐としています。それも夢がないからでしょうね。夢があったら、夢中になれるものがあったら、そんなことにはならないはずです。

夢の結実は努力の結果

十四歳でバルセロナ・オリンピックの金メダルを獲得した水泳の岩崎恭子も、いまミキハウスの社員です。彼女はコーチングの勉強の傍ら、小学校などで講演会を行っています。

彼女が語っていました。

「小学生はいいですよ。小学生はみんな夢を持っている。すばらしい」

それが、いったいどこで夢がなくなってしまうんだろう、そう思います。

中学生で金メダルをとったということをもっと語ってもらい、子どもたちにいい影響を与えてもらいたい。ですから講演活動を応援しています。スピーチの勉強をしなさいと言っています。

しかし、一時はこんなこともありました。彼女が私に直訴したんです。「社員のみんなと同じような仕事がしたい」と。ピュアなんですね。そしてものすごい責任感。「しなくていいんだよ」。そう答えました。

「子ども服の会社に入ったんだから、子どもに夢を与える活動も大事な仕事。日本で岩崎さんにしか、それはできないよ」

彼女はご両親がスポーツに熱心だったわけでもなく、お母さんの水着姿を一度も見たことがないくらいだそうです。いわば普通の子ども。その子が金メダルをとったのです。金メダルをとるということは、辛口な言い方をすれば運もあったかもしれません。しかし、それはそれはすごい努力をしている。そういう努力なくしてメダルなんかあり得ない。そこを子どもたちに語るべきです。夢の結実は努力した結果だということを今の子たちに語ってほしいんです。成し遂げた者が語る言葉は人を動かすんです。

そんな彼女に事務仕事をやらせたりしては、飼い殺しです。そんな会社は最低です。

いろいろな夢、ビジョンを支えるのがミキハウス流

現在、試合に向けて集中している選手たちも、みな人生の夢を持っています。でも、自

分のことだけを考えているわけではないんですね。

金戸恵太という社員がいます。いまボランティアで飛び込みを教えているんです。彼は選手生活を終えてからは、技術指導をし、選手を育てています。彼は現役の頃から夢を持っていました。指導者になりたい、と。

そうやって育った宮嵜多紀理選手が、二〇〇四年のワールドカップで三位になりました。すばらしいことですよ、日本人としては二十五年ぶりの表彰台です。彼女は、二〇〇一年の世界選手権のシンクロ高飛び込みでも、やはりミキハウスの大槻枝美選手とのペアで三位になり、オリンピックと世界選手権あわせて飛び込みでは日本人初のメダルも獲得しています。これだけの人を育てられたということは最高にうれしいことです。

ワールドカップでの宮嵜選手は、予選の最後の一本で予選通過が決まったんです。それが、一番難易度の高い大技で予選を通過したんです。ほかの人はみんな失敗していたけれど、練習でも成功の確率が低い技に挑戦しました。見事でした。日本にもああいう若者がいると思ったら誇らしいですよ。

しかしながらアスリートとしての使命は、試合だけではありません。

田辺陽子さんという柔道家がいます。今までに銀メダルを二回とってるんですよ。彼女は大学で教鞭を執りたいという夢がありました。ミキハウスの社員でいながら勉学を続け、講師として母校の日本大学に行きました。夢達成で、めでたく二〇〇三年の三月にミキハウスを「卒業」したんです。

そうやってミキハウスから巣立っていく選手もいるんです。いろんな夢、ビジョンがあるんです。

それを支えるのが、ミキハウスのスポーツ支援です。

トップアスリートはたいへんなプレッシャーの中で闘う

先日、アテネ・オリンピック六〇キロ級代表の柔道の野村忠宏選手と一緒に競馬に行ってきました。いいやつですよ。ひとことで言って善人。面白いんですよ、一緒にいたら。競馬場に来ている方々が、野村選手に気づいて「写真撮らせて」とかいって来るわけです。彼は気さくに一緒にカメラの前に立ってあげている。そんな姿を見ていたら、「いいやつだな」としみじみ思いました。

彼はオリンピック二大会連続で金メダルをとるという偉業を成し遂げています。けれど、そんな彼も苦しい時代がありました。一九九六年のアトランタ・オリンピックで金メダルをとった後、彼は大学を卒業して、ある会社に入ったんです。だけど、勤めながらだといろいろ不都合なことが起きてきます。

柔道家は試合が決まったら、その試合に向けて体重とか体調をコントロールしながらベストコンディションに持っていくわけですね。ところが、仕事との兼ね合いで、なかなかうまくいかないことが多い。対戦相手としたら相手はメダリスト。負けても当たり前だから何でもしてきます。それで、ケガをしてしまって柔道をやめるかという崖っぷちに立たされ、野村不調説などもささやかれ始めたんです。

けれど、あまりにももったいないから、その会社を辞めさせてミキハウスに入社させたんです。リハビリさせて一年休ませたんですよ。それで体を治してから復帰させて、シドニーで金をとったんです。

野村選手がシドニー・オリンピックで金メダルをとったときに、最初のインタビューで、「ミキハウスという会社に入れていただいて、僕はここまでになりました」と開口一番言いました。オリンピックまでの苦労と経緯があの言葉になったわけです。

金メダリストといえば、やはり突出した存在ですから、本当の事情がわからないにもかかわらず、毀誉褒貶の対象になることがあるんです。トップアスリートはそんなプレッシャーの中で闘っているわけです。だからわれわれは上手にサポートしてあげないとね。だれかが味方になってあげないと。そう思っています。

僕は頑張っている若い人を応援したい

スポーツ選手はケガに泣かされるものです。

アーチェリーの川内紗代子選手の場合、ミキハウスに入社してすぐに肩を壊した。それで泣いてるんですよ、「すみません」と。肩の手術しなければならないと言うから、「したらいいじゃないか。若いんだから治る」。

「でも、そうすると一年ぐらいは……」

「いいじゃないか、一年ぐらい。すぐ治るんだから、一年間リハビリしなさい」

彼女は「もうクビだ」と思ったそうです。アーチェリーで入っているのに弓を引くことができないんだから。ところが、一年リハビリしてからもう一回やれと言われて、大変嬉しかったと語ってくれました。その後成長しましたよ。いまはトップ選手です。ほんとうに嬉しいですよ。二〇〇三年は松下紗耶未選手とともに世界選手権団体で銀メダルをとりました。次は個人でメダルをとるんじゃないかというくらいの期待の選手なんです。

僕は頑張っている若い人を応援したい。肩を故障したからといって、契約を切ってしまったらそれっきりです。本人も挫折感のみが残ってしまうでしょう。彼女はミキハウスで一年休んだからこそ再チャレンジできた。信頼されることは力になるんです。

こういった選手とのコミュニケーションは、そう頻繁に行っているわけではありません。要所要所。やっぱり大きなところの考え方だけでいいんです。

いくら自己管理してもアスリートには調子のいいとき、悪いときがあります。また全力を尽くした試合でも結果が出ないときもあります。そういったとき、私は慌てさせません。目先を追うようなことはしないつもりです。

福原愛選手は二〇〇三年の世界卓球選手権の女子シングルスで、日本選手として十四年ぶりのベストエイト進出を果たしましたが、その大会の前に携帯メールを送りました。「結果だけではないよ。結果にこだわるな。それよりコーチが何を言わんとしているか、そこを理解しろ」と。

大きな志と目標を持っていれば、目先のことはどうでもいい。だから結果を出せるんです。それはミキハウスのポリシーとも重なるところがあるかもしれません。中途半端なバックアップをしたらいけません。やるからにはちゃんとしてあげないと。だから、長い目でみたサポートをしています。

二〇〇四年。それはミキハウスにとっても大変意味深い、楽しみなオリンピック・イヤーとなりました。

第二章　生い立ち

昭和二十年生まれで滋賀県彦根育ち

僕はね、川がとても好きなんです。

生まれ育ったのは滋賀県の彦根というところなんですけれども、芹川という川が家の前に流れていまして、祖父がよくその川へ連れて行ってくれました。

僕は物心ついた頃には小児麻痺《まひ》で歩けなかったから、祖父がいつも僕をおんぶして散歩をするわけです。それで、夏になるとその川でよく遊ばせてくれました。広い川なんです。深さは大人の腰くらい、あとは膝ぐらいの深さがずっと続くんです。それで、安全なところで祖父が僕の手を持って、足をバタバタさせたりとかできるわけです。川の水が冷たくて気持ちよくてね。その頃は鮎がたくさんいましたね。僕が好きだったからせがんだんでしょうかね。よく川へ行っていたというイメージがあります。

それとね、ニワトリが好きなんです。酉年だからというわけではないでしょうけれどね。裏に鶏小屋がありまして、そこにいつも悪さをしに行っていたみたいです。餌をやったりしたら喜んだんでしょうね。鶏小屋に入っていって卵を取ったりとかしていたみたいです。二、三歳の頃でしょうか。そういう環境におりますと、本能的にそれが残るんでしょうね。

今でもニワトリとか、川が好きなんですね。なぜか知らないけど好きなんです。

僕が生まれたのは昭和二十年（一九四五年）ですが、疎開という意味もあって、父親の故郷である滋賀の彦根で生まれ育ちました。親父は「浪速《なにわ》ドレス」という婦人服の会社を経営しており、両親は大阪にいました。大阪はまだそのころは復興していないですからね。食べ物も田舎の方が豊富なので、僕は本家に預けられたわけです。孫はかわいいですからね。祖父母に甘やかされていたんじゃないかと思います。近所の人によれば、僕を籐のベビーカーに乗せてよく歩いていたそうです。僕は覚えていませんけれど。

ポリオとリハビリ

三歳くらいのときにポリオ（急性灰白髄炎）を発病してしまいました。いわゆる小児麻痺です。それまでは走り回っていたはずですが、突然高熱が出て、それがポリオだったんです。当時はワクチンがなく、自然感染してしまう子どもが多かった時代です。僕の場合は足で、ものすごい高熱を出して足がやられてしまいました。しかし戦後の混乱の時代でもあり、医者もよくわからなかったんでしょうね。彦根の市民病院にずっと通っていたんですけれど、情報も少ないし、わからない。

そうこうしているうち、国立病院にいた親父の友人が「一回連れてきたらどうだ」という話になった。そこで、「これは小児麻痺じゃないか。リハビリ以外にないぞ」と言われたそうです。治療ではなくてリハビリだと、結論づけられたんです。五歳くらいの時でした。ちょうどその頃、本家に長男が生まれたこともあり、大阪で医療を受けるために両親の住む大阪に移りました。

祖父母は僕を手放したくなかったでしょうね。五歳まで育てれば情がわきますし、自分たちが育てていながら病気にしてしまったという、不憫な思いもあったことでしょう。それは祖父母の責任じゃないですけれどね。祖父母の気持ちは、自分が孫を持つ身になって痛いほどわかります。

大阪の両親の元では、すでに姉が二人いて、またすぐ下の弟が生まれた頃でした。大きな環境の変化だったはずですが、一番嫌だったのは、やっぱり病院です。リハビリって嫌なんですよ。電気治療と徒歩訓練なんです。僕は、今でも足を見てもらったらわかりますが、左足ばかり太いんです。左右全然太さが違うんですよ。当時はなおさらで、右足は骨と皮とわずかな筋肉だけでした。

それで、電気治療です。嫌なんだ。電気を流すんだから。やっぱり筋肉を軟らかくするためでしょうかね。それから平行棒みたいなところを歩かされるんです。筋肉がキュッとつっていますから、歩くと全部が痛いんです。自分の体重をのせるだけでも痛いんです。嫌だけど、無理やりさせられる。例えばストレッチとかして無理に他人が引っ張ったり押したりしたら痛いでしょう。それと一緒ですよ。

やはり小さい子どもでもいろいろ工夫して、痛いことを避けるんですね。リハビリをすると治るとか、そういう考えはないわけですよ。「何でこんなことをさせられているんだろう」という思いが先行していまして、「また病院の日だ。嫌だな、嫌だな」と思う。イメージとしては、歯医者に行って歯を削られるのと一緒です。何とかさぼれないかなと思う。具体的に治っていいことがあるという目的意識はないし、いつ治るという見込みもない。もう、病院のあの匂いがイヤなんです。行く日は憂鬱なんですよね。お腹が痛い。登校拒否の子どもの気持ちがわかります。病院拒否。

ところが、そんなにも辛かったリハビリも効果はゼロでした。それは今になったらわかるんですよ。自分が悪いんです、逃げているから。足をよくしようという目的を持って行っていないから絶対よくならない。親に行かされているだけで嫌々行っている。それでは絶対よくなりません。だけど、それは親も目的を見失っていたと思う。ただ「行け、さぼったらだめだ」というばかり。大人にとってはリハビリのために病院に行くのは当たり前なんです。だけど、子どもにはわからないわけです。ちゃんとリハビリの意味を説明しなきゃいけない。ですからリハビリは辛いばかりでした。やはり親が無理にやらせてもだめなんですよ。

遊びの輪に参加できなかった小学校時代

小学校の好きな科目は算数でした。みんなは元気に遊んでいるけど、こっちは勉強しかないものね。みんなと闘って勝てるものと言えば勉強しかないですから。ことさら勉強をしたという記憶もないけれど、先生に怒られた記憶もないですね。

僕はずっと教室で人の観察をしているんですね。あいつはこんなだ、こいつはこんなだと、人を見ているのが好きなんです。動けなくて遊びの輪に参加できないからね。家でもやっぱり一人が多かったですね。兄弟は外へ遊びに行っても、僕は家に帰ってくると本を読んだりとか、宿題するくらいしかありません。でも親が買ってくる本なんてつまらない本じゃないですか。偉人伝だとかは山ほど買ってもらって読んでいましたけれど、漫画は買ってもらえなかった。ところが、ある日友達のところに行ったら読みたい漫画とかいっぱいあったんですよ。『おもしろブック』とか、そんな名前の連載物の雑誌がありました。次が読みたくてわくわくしたものです。ざらざらした紙の、字もよく見えないような粗悪品でしたけれどね。しかし、やっぱり貴重品でしたね。一冊をみんなで読んだものです。

テレビは小学校の二年生くらいに出てきたんじゃないかな。うちの父親が買ってきて、これがテレビというもんだと言ってね。力道山だとか相撲だと言ったら、僕の家にもう人が入れない。みんなが見にくるわけですよ。そんな時代だったんです。地域の結びつきもあった時代ですね。

やんわりと特別扱いされる、それが嫌だった

小学校時代、送り迎えをしてくれる女の子が近所にいました。当時は当たり前みたいに思っていましたけれど、今思うと大変ご苦労をかけたなと思います。必ず迎えに来てくれ

て、帰りも送ってくれるんですよ。おうちがお産婆さんでしたが、何でそんなに優しい子だったんでしょう。向こうのご両親が「足の悪い子だから親切にしてあげなさい」といって教育されていたんでしょうね。

僕の自転車があって、僕は後ろに乗ってその子がずっと押していってくれる。それで、通学途中その子の友達が周りにいて一緒に話をしながら登校していました。僕は歩けないから乗っているだけです。楽をしていましたが、それが当たり前だと思っていたんですね。雨の日も寒い日も、考えたら大変だよね。本当に悪いことをしたと思う。なのにそれが当たり前だと思っていました。「遅いな、あいつまだ来ないな」ぐらいにしか思っていなかったから、怖い小学生ですよね。

足が悪いことで、ずいぶんひねくれていたように思います。なにか自分の足が悪いことを有利に持っていくような知恵がついてしまっていたんですよ。「おまえら、歩けると思って……」というように。でも、本当はちょっとしたことでも傷ついていた。例えば、遠足や運動会など子どもにとっては楽しい行事がありますよね。教室中が楽しく沸き立っている。だけど自分は参加できないから、雨が降ればいいと思ったりしました。

表面的にはおとなしい子どもだったと思います。でも心の中は非常に反抗的でいじけていた。時々、風邪をひいたりして遠足を休む子がいますね。すると、心の中で「ざまあみろ」と思っていましたから。遠足となると先生からも「本を読んでいなさい」と言われてしまう。自分でもわかっている。歩けないから。でも心の中では叫んでいるんですよ。「一緒に行こうと言ってくれ」と。

無言のうちにいつもやんわりと特別扱いされる。それが嫌だった。心の中で叫んでいたのは平等を求めることだったんです。でも、本質的なことは誰も言わないものです。

今思えば心がゆがんでいました。親に対しても、なんで僕みたいなのを生んだんだと恨んでいました。障害を持って生まれた人は、だいたいそういう思いをしたことがあると思います。小学校の一番心が形成される時期に、仲間はずれだったんです。やっぱり精神的にいろいろなダメージを受けているんですよね。だから自分のことを、世の中の邪魔になっているんじゃないか、なんて否定的に考えてしまっていたんです。

彼女が一目置いてくれる自分になりたい

小学四年生。相変わらず、僕は近所の女の子に送り迎えをしてもらっていました。彼女は背の高いきれいな女の子に成長していました。そのころ、私には彼女へのほのかな恋心があったと思います。自転車の後ろに乗せてもらいながら、なにかドキドキするときめきがあった。それまでは友情だったのに、なにか一歩超えていく。「お嫁さんになってくれたら、いいなあ」。早熟な子どもだったんですね。そう思いながらも、ふられるのが怖くて言葉にはできませんでした。

あれはちょうど夏休みが終わって、授業が始まった頃でした。その日、クラス対抗の野球大会があったんです。彼女はその野球大会を見に行きたいからと言って、グラウンドに寄ったんです。一緒に。

忘れもしません。マウンドでは同級生の秋山君が活躍していました。サードで四番。クラスのスーパースターでした。僕も秋山君には一目置いていた。彼は毎日早朝ランニングして体を鍛えていた努力の人だった。格好良くて男が惚れる男だったんです。

そしてショックだったのは、初めて彼女の本当の笑顔を見たことです。その秋山君の走り投げる大活躍に声援を送りながら、彼女はキラキラしていました。目がハートマークですよ。寂しかった。彼女は秋山君が好きなんだ……。

初めて現実を直視した瞬間だったと言ってもいいでしょう。それまでは、足が悪いため疎外感をもちながらも、自分の殻に閉じこもった中で甘えていました。なにもかも斜に構えて見て自分にも他人にもいいわけをしていたのです。ところが圧倒的な輝きを放つ秋山君を前に、もうごまかしは通用しなくなった。自分の理想像に目覚めたことによって、目標がハッキリと見えてきました。

そして、考えました。自分はなんのために病院に行っているんだろうか。あいつはあれだけ鍛えている。より自分を高めている。僕も人生を変えたい。大好きな彼女が一目置いてくれるような自分になりたい。心の底からそう思った時に、何のために病院にリハビリに行くのか、その意味が初めてわかったんです。

目標が明確になると、意識が変わります。意識が変わると行動が変わります。結果は行動についてくる。ただ漫然と言われたことをやるだけでは、成果はあがりません。自分の目標ではないから身が入らないのです。そのことは仕事でも何でも同じです。自分が心の底からやろうと思ったときに、人は力がわいてくるものです。私は身をもって体験しています。だから子どもや若い人たちに、夢を持ってほしい、目標をもってほしいと語り続けています。どうしようもないように思える現実も、目標を持つことから変わっていくのです。

小学生の間に、ひとりで一般の生活ができるようになる。中学校卒業までには運動会に参加できるようになる。そう目標を立てました。それまではリハビリも三日坊主だったのを、計画通りにやるようになりました。

新聞配達が教えてくれたこと

医師に「新聞配達をしたい」と相談しました。相談というより宣言ですね。そうやって自分を追い込んだんです。さっそく新聞専売所に行きました。ところが断られてしまいました。それはそうでしょう。今ならわかります。歩くのさえおぼつかなく、そのうえ小柄です。まるっきり子どもにしか見えません。「坊やには無理じゃないかな」。何度行っても断られていた時期がありました。両親に言うと、母は大反対。「できるわけがない」と言うのです。なにもそんなことをしなくても、という気持ちもあったでしょう。でも父はすぐに僕の気持ちをわかってくれました。

中学生になると父は新しい自転車を買ってくれました。そして僕は本当に新聞配達を始めました。父が新聞専売所に行って挨拶してくれました。足が悪いのは誰が見てもわかります。そこをお願いして雇ってもらったんです。そして自分のできる所だけ、まず四十軒の配達を受け持ちました。でもいざ始めてみると、思っていたよりも重労働でした。何しろ重い新聞の束を乗せて、自転車を引いて歩くだけでも精一杯。まだ小柄でしたしね。一軒配達するのも大変です。

学校へは最初の一か月毎日遅刻していました。人生、どっちをとるのか。中途半端なことはせず、やりかけたことは最後までやれ。どんなに苦しくても三年間はやり遂げろ。父と男同士の約束をしていたんです。だから叱られませんでした。ものすごく怖い親父だったけれど、あとは何も言わず見守ってくれました。最初に自分の考えをきちんと言葉にして伝えることが、お互い理解し合うことにつながるんですね。

新聞配達は毎日毎日、それはもう辛かったですよ。朝三時に起きて、四時に専売所に到着するんです。雨の日も風の日も。そして昔は夕刊も朝刊と同じだけありましたから、帰ってくると疲労困憊バタンキューですよ。

でも嬉しかったのは、お風呂にはいる時です。細かった右足が少しずつ太くなっていくのが自分でわかるんです。筋肉がついてきたんですね。自分なりに腰や右足の筋肉をつけるにはどうしたらいいか、考えながら鍛えるようにしたのも良かったのでしょう。ものすごいリハビリ効果があったんでしょうね。そうしているうちに動かなかった足がすごい勢いで治っていったんです。ちょうど成長期ということもあったかもしれませんが、奇跡の回復です。一年くらい経つと、走っていました。配達の受け持ちも次第に増えて一二〇部くらい持つようになった。夢に向かってまっしぐらです。

新聞配達をした中学生時代は、三年間無我夢中でした。その頃、新聞の休刊日は五月五日だけでした。すべての目的はリハビリですから、遊びに行ったりもできない。とにかく集中していました。

人間って身勝手なもので、「ああしたい、こうしたい」と言っていても、えてして本気では思っていないものです。リハビリは具体的な夢を持つと頑張れるんですよ。本気になれるからです。私の場合は、はかない初恋をきっかけに本気で自分を変えたいと思った。

小学生の頃は、人間は不公平だと思っていました。本気でリハビリをせず、むしろ障害を盾にしていたんです。でも、じっと周りを見ていて「あれ?」と気がつくことがありました。「誰でも時間だけは公平に流れている」ということ。学校のスターだった秋山君は、矢のような球を投げる、走る。同じ二十四時間をものすごく有効に使っている。

自分はマイナスからのスタートだけれど、これからの一時間一時間を有効に使うことで、少しでもマイナスを縮められないか、そう考えたのです。

人生はすべて自分の考え方が変われば、取り組み方が変わる。それによって無理だと思われていたことを成功に導くことができるものです。中学生時代の新聞配達は、具体的に努力することによって、自分の考えていること、夢が手に入ることを教えてくれた。一歩一歩、力強く歩ける。その感激。それは人生における非常に重要な体験でした。

新聞配達の経験で、もうひとつその後の人生の糧となったことがあります。それは、考えて働くことです。

新聞配達を始めた最初の一週間は、歩くのさえ必死でしたから配達を終えて専売所に帰ってくるのがお昼くらい。当然、苦情が来ます。いくら自分にやる気があっても、仕事として引き受けたからにはそれだけでは通用しない、責任があるわけです。

しかもこの新聞配達の仕事は、まったく真っ白な状態からのスタートだったんですね。だれも仕事を教えてくれない。だって、前任者や他の人と同じペースではできないわけですから。そこで、どうしたら早く回れるかを自分なりに工夫したんです。新聞配達は大福帳という受け持ちを書いた台帳があり、それに基づき配達します。けれど新たに契約が取れた家を大福帳に書き足す人と、実際に配る人とが一致していなかったため、配達ルートの効率性はあまり考えていなかったんです。

私は不合理だった大福帳を合理的に書きかえて、バランス良く回れるようにしたんです。それによって配達時間の短縮ができ、配達が遅いという苦情が来なくなりました。

そうしてソコソコ配れるようになった頃、週刊誌を売る仕事もしなくてはならなくなりました。当時、新聞社系の週刊誌が注目されていた頃です。各社の新聞専売所でも、その系列の週刊誌をセールスしなくてはなりませんでした。同じ専売所の新聞少年たちにノルマが課せられたのです。

私は病院に行きました。病院に入院している患者さんたちには、暇をもてあましている人がたくさんいます。そこに目をつけたわけです。それに中学一年生の子どもが来たら、大人たちから見たらかわいいし、「週刊誌くらい買ってやろう」という気になるでしょう。普通の中学生は大人と話をするのは苦手かもしれませんが、私の場合は父の仕事の関係で住み込みの従業員が身近に大勢いましたから、大人と話をするのには慣れていました。そうやって二十冊のノルマはみんな売れました。

子どもなりに危機管理もしていたのです。「Aさんは退院したよ」などという情報はしっかり入手して、では次は誰に買ってもらえばいいかな、と予測しておくことも怠りませんでした。意外にちゃっかりしています。

小学生の間は、いつもひとりぼっちで社交性はなかったかと思いますが、こうした場を与えられることで、やはりこれも「やればできる」ことだったんですね。

新聞配達の経験によって、自分で頭を使って課題を解決する力を培うことができたと思います。

好奇心の塊だった高校時代

新聞配達は中学卒業で区切りをつけました。するとものすごい解放感がありましたね。前の晩から目覚まし時計をセットして毎日四時前に起きていましたし、放課後は午後四時には新聞専売所に行っていましたから。その束縛がなくなって、なにか間の抜けたような感覚ですね。それを埋めるのに最初はとまどいを感じました。

小学校の間は、まったく歩けなくてみんなの仲間に入れなかった。中学前半ではまだついてはいけなかったけれど、後半くらいになると体力的にはついていけるようになった。

だけど、新聞配達があるためにみんなと一緒に遊べない。

高校に入ってから一人前になって、みんなと勝負しても負けないようになりました。毎日あれだけ走っていたんですから体力は上回っていたかもしれません。でも、なんとなく溶け込みにくいんです。溶け込み方がわからない。

だからこそ、まるで小さな子どものように好奇心の塊でしたね。なにか面白そうと思うと「なになに?」という感じで首を突っ込んでみたくなる。アルバイトにしろ、学生運動にしろ、とにかく仲間に入ってみたい、その一心です。

夏には仲のいい友人と証券会社でアルバイトをしました。伝票の番号を打ったりして、いいバイト料をもらったりしていました。簡単な仕事で、こんなのは最初から印刷したらいいのにと思いながらやりましたよ。

「行かないか」と言われると、なんでもついて行く。あのころは一か月、一年、本当に早かったですね。常に違う体験が待っていましたから。

高校入学時の身長が一三〇センチくらい。ガリガリで小さかったんです。それが高校時代に三〇センチくらい伸びました。高校時代は、そんな時期なんですね。

そして、はっと気がつくと大学受験。要領のいい子は遊んでいるようで勉強しています。

みんなずるいですよ。京大の何学部と目標を定めてやることはやっているんです。ところがこっちは全方位外交で遊んでいましたから、大学はもう推薦で入るくらいしかなかったんです。もっとも、実家が商売をしていまして、職人さんなどが身近にいましたから、早く仕事をしたいという気持ちもありました。

新聞配達のバイト代は使ったことがなかったんです。全部母親に渡していました。欲がないですね。それに使う時間もなかったですから。でも高校生になって、みんなと遊ぶようになったらお金がいります。でも親にもらうのは嫌だったんですね。だからバイトをしていました。親に対するそういう独立心は強かったかもしれません。

大学を中退して証券会社へ

大学に入っても証券会社でアルバイトをしていましたが、仕事がしたくなって大学は中退しました。父親には最初は内緒です。「せっかく大学に入ったのに何で辞めたんだ」と怒られるのがわかっていましたから。僕には理由が何もない。ただ働きたいから大学を辞めただけです。でもいつまでも隠していることもできません。思い切って打ち明けると、自分で結論を出したことだから、自分で責任をとれと言われました。一回は怒った。それだけです。

アルバイトをしていた証券会社でそのまま働くことにしたのですが、朝一番の電車で行って最終電車まで働きました。僕もプライドが高いですから、「木村、これやっておけ」と言われたら、できないのはかっこ悪いでしょう。絶対にやり遂げないと嫌だから、日曜日にでも出社して仕事をしていました。仕事はできるところに集まるものなんです。仕事の報酬は仕事です。だから「木村に頼もう」となってくるんです。

僕は職人気質なんですね。だからきっちり仕事をする。けれど、サラリーマン社会では職人タイプは割を食うものなんです。むしろ、仕事ができない人が出世することのほうが多いような気がします。有名大学を出て、さっぱり仕事ができない人が管理職になっていくことがあるんですよね。

これは自分の癖なのですが、やはり職場でも周りをよく見ていました。そして右側の声、左の声、よく聞いているんですよ。「おまえ、なんで知っているんだ」とよく言われました。昔のことですから、パソコンもないですし、電話をかけていたら話の内容が聞こえますよね。わざわざ自分に向かって言われなくても、自分の仕事をしながらも様子がわかるわけです。お客様に怒られているようだけど、なにか間違ってしまったんだろうか、となるとあの伝票が回ってくるな、といったふうに周りの動きをつかんでいるんです。そうすると、これを先に片づけておいて、その次にあれをしようと段取りがつきます。攻めの姿勢で仕事ができるんです。

ところが多くの人が、自分の作業だけで周りの動きを見ていない。ただそこに座っているだけで情報はいくらでもあるのに、それを活かそうとしていないんです。だから単なる作業になってしまうんです。言われたことしかできない。それでは仕事の効率性がまるで違ってきます。

忙しさは人を成長させます。当時の僕の立場はひとつの命令系統から仕事が来るのではなくて、「木村、これをやっとけ」とあちこちから頼まれるんです。だから、いつ誰から頼まれても対応できるように、アンテナを張って情報収集しておくんです。なにしろその日の仕事はその日に仕上げなくてはならない。仕事はスピードが大事なんです。「また明日」と仕事を引き延ばすのは、仕事ができない人です。

当時は休みは日曜日だけでした。だから土曜日に処理できなかった仕事は、日曜日に出社してでも片づけました。月曜日の朝までにできていたらいいわけですから。

そういうなかで自分の目標に掲げたのはスピードとクオリティです。たとえ入社したばかりの新人社員であっても、情報処理は生産性にとって非常に大切なものなんです。何も知らない状態で急に仕事を頼まれるのと、周りの状態をだいたい把握した上で頭の整理をしているところに頼まれるのとでは、やはり体の反応が違ってきます。すばやく処理できるはずです。

結局、同じ状況の中でも、意識を持つことによって、ある人は情報を素早くキャッチでき、ある人は素通りするという差が出てくるでしょう。同じテレビを見ているのでも、有益な情報を絶対逃がさない見方をしているのと、ただぼんやり見ているのとでは違いますよね。観察力と分析力が情報処理の差になってくるのです。

ただ私の場合は、誰に教わったわけでもありません。当たり前のことを当たり前にしただけだと思います。そんななかで仕事とはどうやるべきかを自然と身につけていきました。それというのも環境もあるでしょう。子どもの頃から仲間に入れないから、いつもじっと周りの人々を観察していました。そして小さな頃はいつものけ者にされていました。だから、のけ者にされることが怖いという意識がどこかに残っているのかもしれません。

仕事でも外されるのは嫌だ。仲間に入れて欲しい。そういう人間は防衛本能が働いて、どうしたら仲間はずれにされないかを身につけるんですよ。それはすなわち、どうやったら自分の存在価値を認めてもらえるかということです。存在価値を求める気持ちと変なプライドが入り交じっていた。それをプラスに転換できたのがビジネスの場だったんです。

そうしているうちに、父から「もう、戻ってこい、家を手伝ってくれ」と声がかかりました。けれど当時、昭和三十九年（一九六四年）頃はひどい不景気で、ほかの証券会社が倒産しかかったりしていました。それでかえって退職できなくなったんです。会社の調子が悪いから退職するなんてプライドが許さない。そこで昭和四十三年（一九六八年）頃、やっと会社が上向きだしたので退職して、父の「浪速ドレス」に入社しました。

その証券会社を辞めるときにはずいぶん慰留されましたよ。いっさい文句も言わずに働いていましたから。しかし、父が年をとってきたし、また自分も一労働者として頑張れるんじゃないかという自信がついてきたこともあり、退社を決意しました。

それほど長いサラリーマン生活ではありませんでしたが、ここで学んだことはとても大きかったと思っています。どのように仕事と向きあうのか。仕事にとって大事なこととは何なのか。そういった非常にベーシックなことを教えてくれた場であり、時間でした。

第三章　ミキハウスの誕生

―創業からの道程《みちのり》―

父を継ぐのは長男の僕ではなく、次男だと思った

証券会社を退社したのが昭和四十三年（一九六八年）。それから家業である婦人服製造販売会社「浪速《なにわ》ドレス」で働いていました。当時、「浪速ドレス」は大阪の船場に本社を構え、社員数は二〇〇人ほどでした。親父は昔の人ですから、長男である僕に家業を継がせようと思っていたのでしょう。「竈《かまど》の灰まで長男のもんや」。昔はそう言ったものです。

でも、親父のことは好きなんですけど、「一緒に仕事をするのはちょっと無理だな」と思っていました。なぜかわからないけれど、ぼんやりとね。

証券会社から実家へ帰って実際に働き出して、何か違うと思った。一緒に働くのでは「自分」ではない。次男坊が親父の後を継いで働いたほうがいいと思っていたんです。そして実際に働けば働くほど何か違うんですよ。その違和感が何だったのか。自分が生意気だったからだと今は思うんですけど、「一緒に働いていていいのか……」と、そんな迷いがどんどん大きくなってきたんです。

僕には息子はひとりしかおりませんけれど、もし二人いるとしたら継がせる方により厳しくするでしょう。そして出ていくほうには、「いずれ出ていくんだからいいか」という

意識が働いてしまい手加減してしまう。今はわかるんですけどね、当時は若者ですからそういうことを理解できなかった。勝手に親父は次男のことが気に入っていると、そう決めつけていた。親父といつまでも一緒にやってはいけない。大人になってまで親子喧嘩なんかみじめですよ。それだったら先に自分が身を引いた方がいい。そう思い始めました。

そして、「短い人生だし、あえて親子で仕事をすることもないだろう」と決断した。それで結局、ただひとこと親父に「やりたいことがある」と言って辞めました。親父は何も言わない。「子どもが何を言っているんだ」というようなものです。でも一回言いだしたらきかないということぐらい、我が子のことですからわかっていたのでしょう。

私も息子がおりますから、親父の気持ちもよくわかります。今は見守っていようという大きな愛情だったのでしょう。それで、許可をもらうとか、もらわないというんじゃなくて、出勤しなくなってしまいました。

姓名学の方から「三起産業」という名前に

親父も卑怯なんですよね。僕が辞めて出勤しなくなりますでしょ。すると、親父の友達をよこすんです。その方は姓名学の本を書いたりして生活をしている変なおっちゃんなんですね。彼が「親子だし、君は長男だろう」と、会社に戻るよういろいろ説得に来るんです。でも、自分の意志を曲げませんでした。

彼も、「やっぱりこれだけ言っても帰ってくれない」と考えたんでしょうね。そのときに、「この名前を使え」ということで「三起産業」という名前をくれたんです。僕と女房の名前を見たら、二人の会社にはこの名前が合うんだということをいろいろと説明して、「これを使え」と。それで、株式会社にするときは「三起商行株式会社」にしろと。どうせ将来、三起産業が発展したら法人化するだろうという話です。

そのとき、社名の意味を言っていたけれど忘れてしまって……。「三」というのは集めるという意味だったということだけは覚えています。だけど、親父だったら丸めてごみ箱に捨てていますよ。でも、その方は親父の友達だし……。

ところが、その頃はこれからどうするのか、まだ何も決めていませんでした。証券会社が「来い、来い」と言っているし、証券会社に行こうかな、何をしようかなと考えていました。

ちょうど女房は長男が生まれる前で実家へ帰っていまして、その辺で僕も結論を出して自分でやろうと気持ちを固めました。でもだからといって、当然、女房に相談することもないし、やっぱり父親と僕との問題なので、女房は全くそういうことは知りませんし、僕も女房に知らせもしませんせん。自分の心の中で全部処理して、辞めたということも言っていませんでした。

そのころ、僕はひとりで寂しかったんですよ。本当に寂しい。そこで、朝、牛乳配達に行くようになったんです。それはね、ある意味で寂しさを紛らわすためでしょうね。それと、借家に住んでいましたから、家賃が当時（昭和四十六年＝一九七一年）、月に一万五千円ぐらいでしたか。牛乳配達で三万円ぐらいもらえたのかな。家賃だけでも稼いでおこうと。朝早く出て七時くらいに終わりますから。でも、女房にはそれも内緒にしていました。「ちょっと体がなまったからトレーニングだよ」と言って、ばれているのにね。「おっさん、何してるんだろう」くらいに思って、黙って見てたんでしょうね。

そうこうするうち長男が生まれました。女房の実家に顔を見に行きました。かわいい子でした、私に似て。やっぱりかわいいですよね。こんなかわいいのが将来生意気になって家を出て行くようになるんだなと思いながら、赤ちゃんを抱いていました。やっぱり責任を感じましたよ。「頑張らないといけないな」と思いました。本当に。

ただ、実家と同じことはしたくないんですよね。例えば家が寿司屋だったら、同じ調理師でも、じゃフレンチをしようかと思ったりするんじゃないですかね、負けん気の強い人は。そんなものです。子ども服に目がいったのは。

売り先も決まっていないのにスタート

それで、いろいろリサーチしたんです。実家は婦人服をやっているので違うものにしないと、後を継いだ弟とライバル関係になるでしょ。ですから、アパレルに絞ってはいましたけれど……。ちょうど自分の息子が生まれたばかりですから、買い物も含めて子ども服に関してはリサーチをしやすい立場にありました。どんなものが売れているか、いろいろと聞き回りました。

大阪の本町というところは繊維街なんです。繊維屋さんがいっぱいで、問屋さんがありまして、そこに九州や四国、中国筋からたくさんの専門店の方が仕入れに来られるんです。みんな、大阪に仕入れに来ているということがわかりました。

それと、高級ブランドについてもわかりだしまして、高級ブランドは高級ブランドだなと。

リサーチを進めると、東京ブランドではこういうもの、大阪ではこういうものと、だいたい全部リストアップできました。当時はベビーブランドの「チャイルド」、幼稚園くらいの子ども服が「白樺」「テリア」、ジュニアゾーンに「マリアン」などの先行ブランドがありました。そういう高級ブランドを売っているお店に卸せるような商品を作ろうとターゲットを絞ったわけです。

そうしたら、ちょうどベビーを卒業して子どもに移る、この辺にいいものがないんですね。ベビーと子どもの間、トドラーというヨチヨチ歩きの子のためのいい服がないんですよ。トドラーというのは一歳から三歳ぐらいの年齢です。「ここだ！」と思いました。実にいろいろなサンプルを買ってきました。世の中は今こういう方向にいっていると。ベビー服はこうで、子ども服はこうでと、ひとつひとつ検証したんです。

高級志向のブランドをそろえている専門店に売りに行きたい。ならば、そういうブランドを置いている店は、どういうトドラー製品が多いか、何が売れているか。そういったことをいろいろと考えてサンプルをつくった。女房はもともとデザイナーだから、サンプルづくりはお手の物です。そしてセンスも良かったんです。

最初のサンプルはデニム生地のハーレムパンツとニッカボッカです。ハーレムパンツは裾を絞ったスタイルで、足さばきもよく、見た目もかわいい。ニッカボッカは膝下の丈のパンツで、歩き始めの幼児はよく転ぶものですが、ケガをしないよう守る機能もあります。ちょうど、女房も子育て中でしたから、母親としてのアイデアが生かされた作品になりました。この最初のサンプルは大好評で、商品化後は十年にわたるロングセラー商品になりました。

僕がサンプルを集めて来て、「悪いけどこの素材で、この刺繍を入れてくれないか」というと、まだサンプルだってワンシーズンに五枚とかですし、彼女は仕事の速い人だから半日もあったらみんなやってしまいます。今はサンプルといっても何百枚ものデザインをしなきゃいけませんが、当時はまだ暇で、楽しみながらやってくれていましたよ。それでまたいいアイデアもでてきます。

やはり的外れな情報じゃなくて、そういう高級品店で売れているものを買って来て分析し、現場で直接聞いてきた情報をもとにやっていましたから、それが良かったんでしょう。当時はすごくわかりやすかったんじゃないですか。

その頃、ちょうど『アンアン』とか『ノンノ』とかが創刊された。要するに女性たちのファッションに対する関心がものすごく高まりかけたときなんですね。経済的な余裕もでてきた時代でしょうね。ですから、僕は高級品一本に絞る。そして専門店が大阪に仕入れに来ているのもわかっていましたから、逆に、じゃこっちが売りに行こうと。それで、スタートしたんです。

しかし実際のところ金がない。なにより、売り先も決まっていないのにスタートしたわけです。

街一番の小売店にしか行かないと決めた

早速サンプルをつくって、どこへ売りに行こうかという段になった。なにしろひとり。大阪市内は避けた。大阪市内に売りに行くと忙しいだけなんです。婦人アパレルの経験で、そこのところはもうわかっていました。遠方であっても、運送屋さんを使えばパッケージをするだけで商品を送れるわけです。そうすると、一回出張したらまとめて注文をとったり、向こうが来られるときにまとめてやることができる。でも、大阪市内の小売店を相手にしていると、いちいち配達しなければならなくなる。

僕はサンプルを持って飛行機で鹿児島に行った。鹿児島の商店街を歩いてみると、昔でしたら約十店舗ぐらい子ども服店さんというのはあったんです。子ども服の高級ブランドというのは全部リサーチしてあった。当時、高級ブランドといえば「テリヤ」、「マリアン」、「チャイルド」、「ラパン」と決まっているんです。一番の高級品屋さんはそれら高級ブランドをすべて牛耳っているわけです。そういう有名ブランドを置いている小売店にしか僕は行かないと決めていた。それで鹿児島のそういう店を見つけて、サンプルを手に訪ねて行ったわけです。ところが門前払いされてしまう。「うちは東京製品しか置いていない」と言われて、名刺もくれない。

それでも商店街にはまだあと九軒くらい子ども服店が残っているわけです。でも、そんなものには目もくれない。学生時代に、例えば「東大の法学部に行くんだ」と言い張って「滑り止めは受けない」と言っている人がいるでしょ。それと一緒で、もう一番店のみ。「ここだ!」と。

それで、鹿児島は「今回はこれで許してやる」と。また当時の国鉄に乗って次の特急の止まる駅、八代に行ってそこの商店街を歩く。やはりそういうブランドを置いているところがあるわけですね。そこへ行ってまた門前払いを食らって、「次回は必ず落としてみせるから」と心に決め、次に熊本に行きました。

熊本もやっぱりペケ。バスで三隅から長崎に出て行って長崎の商店街でやはり一番の高級品屋に行って断られて、鳥栖に行って、久留米に行って、佐賀に行ってと、ずーっとみんな断られるんですよ。

博多でも断られて、ここでもう「ダメだなぁ」と思いました。「戦略を変更しないとダメだ」と思いながら、自分でも「最初からは無理かもしれない」と思うのと半分……。どんなにいい企画でも見てもらえない。それで、原因は何だろうと考えた。見て、物がダメだからと断られるんだったら僕はわかる。見もしないで断られる。アポイントも入れてないですから断られるのは仕方ないかもしれませんけど、無名の私ではアポイントはまず入れられません。

それで、博多のホテルでのこと。明日は小倉に行こうと思って、鏡で自分の服装を見た。ちゃんとトラッドでまとめているし、服装は普通。悪いことはないし、ヘアスタイルも今みたいにこんなに少なくない。髪も豊かでしたから、ちゃんと分けていまして、誠実そうに見える。なんでだろう……。店主との言葉のやりとりをずっと思い出してみたんですよ。

そこで、「失敗だな」と思いあたることがありました。それは、やっぱり「商売をしたい」「取引をしてほしい」という一心で、相手のことは何も考えていないわけです。自分のことも何も表現できていないわけです。僕はそこに気がついたんです。これでは勝手口でゴムひもを買ってくれという押し売りのおっさんとひとつも変わらないじゃないか。

それで、明くる日の小倉ではとにかく自分は何者で、何ができるんだと。それで、相手にとって僕と取引をしたらどういうメリットがあるかということをちゃんと訴えなければいけないと考えました。単に「商品を見てくれ、買ってくれ」だけでは今までと同じ。二の舞です。そこで、ホテルで一生懸命練習したんですよ。自己紹介からです。僕は大阪の八尾から来ました。こういうことができます。何かこのお店でお役に立つことはないですか。企画デザインとか、そういうものもできます。それをアピールする練習です。物を買ってほしいじゃなくて、相手の店に役に立てないだろうか。それをしっかり訴えたかったんです。

お店にとって何かお役に立つことはないですか？

それで小倉に行って、前の晩に一生懸命練習したことをやったわけです。今までだったら「取引してほしい」とバッと言ったけれど、そう言わずに余裕を持って、「自分は子ども服の企画・製造ができる人間です」から始め、「このお店に何かお役に立つことはないですか」という話をした。

すると店主は「おまえみたいな言い方をしてきたのは、今までのセールスで初めてだ」と笑いながら、「おまえはこんなのはできるか」とショーケースから商品を出してきた。

「こういう素材でできるか」

「そんなものは簡単です。できますよ！」

素材を変えてつくるのは、小売屋さんにしたら大変に見えても、われわれ物づくりをする人間から見たら別に難しいことはひとつもないんです。そうしてよくよく相手の話を聞いてみると、小売店もいろんなことに困っているんだなということがわかってきたんです。

昭和四十六年で、日本の若い女性たちがファッションに対して関心を持てるだけの経済力がついたころです。ですから、小売店もそういう意味では若い母親向けに付加価値の高い商品が欲しいわけですね。ところが、子ども服メーカーの経営者はおじさんばっかり。だいたい経営者に若者がまだ出てきていない時代でした。昔ながらのポリエステルが丈夫だとしか考えず、そんな子ども服が横行していた時代でした。

でも、若いお母さんはああいう汗を吸わないポリエステルは好まないでしょ。赤ちゃんにはやっぱり綿とか絹とかの天然素材がいい。健康とファッションを考えられる余裕のある時代に入りつつあったんです。それで、ユーザーニーズのわかる小売店としては、母親たちとメーカーの意識のギャップに困っていた。

そこへ僕が現れて、「何かお役に立つことはないですか?」という話になった。

「それはそうと、君は何を持って来たのかね」

「サンプルです」

例のハーレムパンツとニッカボッカ等を見せたら、「全部置いていけ。こんなのを探してたんだが、今までなかったんだよ」。そう言って、ものすごい注文をもらいました。それは、僕が二十六歳の素人だからできたわけです。メーカーを調べて、こういうものが社会のニーズであろうと把握していた。店主は言いました。

「これからどこに行くの?」

「東の方へ行きます」

「おまえな、海からこっち側はわしのテリトリーだ」

門司は大きな商圏なんです。でも、門司の人に言わせると、「わしのところの商圏だ」

と言うんですけど、小倉の人に言わせると、「ここから博多まではわしの商圏」と言うわけですよ。

「わしが代わりに売るから、おまえは売るな。海の向こうへ行け、下関に行け。下関の店を紹介してやる」

商店主はみんな友達がいるわけで、自分たちの商圏外の友達と情報交換しているわけです。それで、「電話しておいたから行け」と。小倉で注文をたくさんいただくことができ、次に行ったわけです。

下関に行きました。紹介された店はすぐ見つけたんです。だけどきれいなお店で、なかなか入れない。今まで断わられ続けているから、「また門前払いを食うのではないか」と思ってひるんだんですね。喫茶店でコーヒーを飲んで気合いを入れて行きました。

そうしたら、電話してくれていたから待っていたんでしょう。「遅いな、あんた何時の電車に乗ってどこに行ってたんだ」と。それで、コーヒーを出してもらった。今まで門前払いだったのがコーヒーが出るんだから。全然扱いが違います。

店主がさっそくサンプルを見ていくわけです。それで、これは何枚注文しようとトントン拍子に話が進んだ。「それはそうと私のところの商圏はここからここまでだ。変なところに入ったらだめだよ」と言うわけです。そして「宇部のここを紹介するから何時の電車に乗ってここへ行け」と。

それで次のところに行くわけです。もう向こうは待っている。やっぱりそこでもご注文いただいて、「今から何時の特急に乗ったら間に合うから防府の店に行け。電話しておくから。シャッターを開けさせておく」と。宇部ではカレーライスをご馳走になりました。おいしいものをいっぱいいただいて、「ホテルも予約させておく」と。話が早いですよ。人の紹介ってそういうものなんですね。

それで防府に行ったら待っている。こんなに注文をもらっていいのかなというぐらい注文をもらって、ちゃんとホテルまで送ってもらった。昔のことだから、「ちょっとそこのバーでビールを飲もう」ということで、いろいろ聞かれた。

「初めての出張なんです」

「そうか、頑張りなよ。できれば早くつくってくれ、あの商品は売れるよ」

大きな励ましをいただきました。そして、商売とは何なのか、身をもって学んだ初回の出張でした。

ミキハウスの絵本

（今後の出版活動に
役立たせていただきます

お求めになった店名	この本の書名

この本をどうしてお知りになりましたか。

1．店頭で見て　2．ダイレクトメールで　3．パンフレットで

4．新聞・雑誌・TVCMで見て（　　　　　　　　）

5．人からすすめられて　6．プレゼントされて

7．その他（　　　　　　　　）

この絵本についてのご意見・ご感想をおきかせ下さい。（装幀、内容、価格など）

最近おもしろいと思った本があれば教えて下さい。

（書名）　　　　（出版社）

ご協力ありがとうございました。

郵 便 は が き

おそれいりますが切手をおはりください。

150-8305

（受取人）
東京都渋谷区神宮前1-8-2
原宿ミキハウスビル3F
三起商行株式会社
出版事業部　行

名前（フリガナ）	男・女 年令　才	ご職業
住所（〒　　）		
TEL（　　）	FAX（　　）	
メール		
今後新刊案内等をお送りしてもよろしいですか？	はい・いいえ	

MIKI HOUSE

どん底でつかんだ商いの本質

博多のホテルでひとりで考えたこと。思えば、その発想の転換がミキハウスの今をつくったと言ってもいいでしょう。自信満々で九州に乗り込んでいったものの連戦連敗。コテンパンだった。どん底でつかんだ商いの本質でした。

僕の場合、師匠がおりませんから、相手の立場に立って考えたら当たり前のことをしただけで、何も難しいことはしてないわけですよ。訪ねて行ってセールスをするときに自分は何者であるかということと、何ができるかということを表現しないことには、初対面ですから相手はどう判断したものかわからないわけですね。

そいつとつき合うか、必要ないか、ふたつにひとつ。それだけの話なんです。物を買ってくれ、物を買ってくれと言っても、自分自身のバックヤードを何も表現しなかったら相手はわかりませんものね。

ですから、僕はずっと博多までは押し売りをしていて、それ以降はちゃんと相手の立場に立って、相手が理解できるように、そして僕とつき合うかつき合わないか判断できるように営業したわけですね。

それからというもの、その商品は売れましたね。つくって発送したらすぐに、あちこちからいっぱい発注が来ました。ですから、商売で苦労をしたということは現在だけ、今だけ。今こそ危機感を持っていますよ。

創業時からのふたつの方針

創業当時を振り返って、ラッキーだったのは自分もちょうど長男が一歳で、小さな子どものいる家庭環境がわかるわけですね。祖父母がどんな風に関わっているのかなど。僕はその頃、親父とは決裂していますから、母親が何やかんやと言って孫に会いに来ます。女房の親も何やかんやと言って来るし、孫のマーケットはこうなんだということがわかるわけです。では、そのニーズをちゃんと満たそうと。

当時もすでに少子化でした。僕らも子どもは二人しかいません。僕ら世代はまだ兄弟が多いんです。女房の方は四人です。そうやって見ると、少子化傾向はもう決まっているわけです。おじいちゃんおばあちゃんの経済力も当時はまあまあ。今はもっと豊かになりました。それなら、いい商品をつくって、安全であるとか信頼であるとかのコンセプトを明確にして、消費者の皆さまに「ミキハウスはいいぞ」ということを覚えてもらうことが最優先なんですよ。

ですから、よりよい商品をつくろう。いい商品を扱っている小売店で売ってもらおう。それが創業時からの一貫した方針です。初めて九州に出張に行って、その地域の一番の高級店に行き、断られたからと言って二番目の店には行かなかった。せっかく来たんだから交通費がもったいないとか、二番目の店でも買ってもらえればいいなとは、頭から思わなかったですね。妥協はしない。

いいものを扱うというのは、その人の文化そのものなんですよ。専門店のオーナー自身の生き方、生きざまが店なんです。自分の生きざまは、単にものが売れたらいいというんじゃなくて、やっぱり自分が誇りをもてる商品しか扱わないぞという連中ばっかりなんです。信念があるんです。商売だからというよりも、やっぱり心底ファッションが好きなんですね。生まれながらにセンスがあって情熱がある。

そんな店にはそういうお客様が自然と寄って来るわけです。僕もそうだったから、ぴったと一致したわけです。

もうひとつ創業当時を振り返ってみると、成功要因と言えるのは情報収集です。創業当時は本当に情報集めをしました。今の社会のニーズは何か。お母さんのニーズは何か。取引先も様々です。センスのいい取引先というのはあるんです。当時の場合、取引先の子ども服専門店のオーナーですね。あの人とあの人はセンスがいい。業界の中でもそんなキーパーソンがおられる。その人たちの言葉はやっぱり重いんです。感性の高い人ですからね。その人たちから、何々会社の製品はこれが売れているよ、理由はこういうことで売れていると聞いたら、それはすぐにメモして帰る。

ほかの単に商売のみの発想で「もうかっているから」と言う人の話はあまり聞かない。センスが良く、付加価値というものを理解できる人たちの話を聞いて、それを持って帰って情報としてデザイナーに伝えたからこそ、お客様に喜ばれる商品づくりができたんです。多くの情報のなかでも選ばれた情報、一番大事なところを迷うことのないように、ちゃんと伝える。それがコンセプトを明確にするうえで最も大切なことです。

現代は情報があふれています。特にインターネットの時代になってからは、コンピュータの前に座っているだけで、多くの情報を入手できるようになりました。しかし、かえって足元が見えなくなっている弊害がありはしないでしょうか。

言うまでもなく情報は量ではなく、質が問題です。特にファッションという、人々の趣味嗜好、時代の気分を反映する商品をつくっている私たちにとって、いかに質のいい情報をつかむかが非常に大切なのです。情報は現場にあります。紙に書かれたものは古い情報。現場にあって責任ある立場の人がもっとも新鮮な情報を持っています。やはり人間です。キーパーソンを見抜くこと。そしていい人間関係を築くこと。それが大切です。

秘訣は僕の情報力と女房のセンス

さあ、販売先もできた。あとは製造、発送。ところが大阪に帰ったら全財産はたいても生地を買うはずのところが、お金が一銭もありません。そうかといって親父に泣きつくことは絶対にしたくなかった。

ありがたいのは、学生時代に一緒に遊んだ連中です。そんな友人たちにお金を借りに行きました。すると、ひとりは三十万円、別のひとりは五十万円という具合にみんなで貸してくれた。商売が成功するとも限らないのに、みんなよく貸してくれたと思う。それで二、三百万円集めて商品をつくって送って、なんとかやりくりできました。もう、みんな返したけどね。

まあ、それからはよくヒットしましたね。ずっと売り手市場。その秘訣はといえば、やっぱり僕の情報力と女房のセンスでしょうね。はじめは本当に二人きりでしたから。女房は今に至るまでミキハウスのデザイナーとして第一線で活躍してくれていますが、当時は僕が地方出張の時は電話もとってくれて、サンプルづくりもこなしていましたね。彼女は仕事が速いから助かりました。

僕が情報を集めてきて、サンプルをいっぱい持って帰る。今までの商品の流れはこうだし、こういう売れ方をしているという情報を、みんな女房に与える。たとえばこのコーデュロイでこういうタイプの商品をつくったら売れるんじゃないかと。だからわれわれはこうしようとアイデアを出し、それを形にしてみると、みんなヒットしましたね。不思議なくらい全部ヒット。的はずれな情報はなかったし、二人の意見が対立することもなかった。

そういったマーケティングは、今でこそいろんな本や学ぶ場がありますが、当時は全部自分で考えて実践してきたことです。僕は師匠がいないんです。だからこそ自分のポリシーを貫くことができた。

それともうひとつは、私がそのとき二十六歳でしょう、一番いい年齢だったんですね。同業他社のトップは、わりあい年配の方たちばかりでした。そして大きい会社が多かったんです。ですから、たとえ若手社員が新鮮なアイデアや情報を持ち帰ったところでなかなか形にはならなかったと思うんです。

こっちは直オーナーで二人ですから、僕らは情報を得たら一番早く形になるわけです。生地でも一反あればいいんです。僕が問屋街の本町に行って、生地を一生懸命探して、これが一反あったといってそれを買う。物づくりにはそれが一番早いわけです。消費者が今ほしいという商品を、僕らは一番早く作ることができたんです。しかも付加価値をつけて。

今のミキハウスはどうかというと、すぐ五千反とかの単位になってしまう。じゃ商品化と決まっても半年、一年かかります。スピードが全然違うわけです。

そう、それから当時、値段をいくらにしようとか思ったことは全然ありません。はじめから価格志向ではなかったんです。価格志向だと量をいっぱいつくらなければならないから大変でしょ。夫婦二人だけでやるのに、安物をつくったって量をこなさなきゃいけませんからできません。それよりも、本当に丁寧に少しのものをハンドメイドでやろうと。それもあって高級品志向というポリシーは必然的に固まっていったんです。

とにかくつくったものは毎回全部売れる。お金がないからたくさんはつくれないけど、全部売れます。取り合いになるくらい。すると、ベビー服メーカーや同業者がみんな僕のところの商品を買うんです。僕らは金がないから、追加を受注しても、すぐには次がつくれないわけ。そうしたら東京の某メーカーとか神戸の某メーカーが同じものを大量につくってしまう。いわば僕のところはそういうアパレルのデザイン室でした。

悔しい。若造でしたから銀行は絶対相手にしてくれないし。でも、デザインは真似されても、品質だけは絶対に真似されないと信じて、ものづくりをやっていました。

売上げをあげてしまった

創業から一、二年たち徐々に販路が広がって、「トドラーファッション・ミキ」の名が知られるようになってきた頃のことです。ある沖縄の子ども服専門店が、大阪に来て商品を買っていってくれました。「ハイポニー」という店の名前を覚えています。

一年くらいたった頃、その店への売上げが百万円くらいになったため、集金に行く必要が出てきました。当時は全国を営業に歩いていましたが、さすがに沖縄へは航空運賃もかかるので、おいそれとは出向けなかったんです。

一年ぶりくらいに会った「ハイポニー」のオーナーは、三十歳くらいの若い男性でした。

その日は沖縄に泊まって、そのオーナーといろいろな話をしました。

彼は沖縄に生まれ育ち、東京の日大法学部を出た人物でした。年が近いという気安さもあって、いろんな話ができました。彼が言うには「今の子ども服店は軌道に乗ってきたので、妹に任せるつもりだ。自分は子ども服から足を洗う」というのです。

「それで、どうするんだ」と聞きますと、「実は政治家を目指している」と言います。

沖縄復帰が一九七二年ですから、当時の沖縄では夢と期待とともに復帰後のいろいろなひずみもあったと思われます。ふるさとのそんな状況を前に、彼を駆り立てるものがあったことは容易に想像できました。

「まずは市会議員を目指すつもりだ」

「そうだったのか。しかし政治家を目指すにはお金がかかるだろう、この金を使ってくれ」

せっかく集金した百万円をその場で彼にあげてしまいました。彼の夢にほだされてしまったのです。「こんな大金を」と驚く彼に、「よし、それなら県議会議員になったら連絡してきてくれ」。そう言って別れました。

けれど実際のところ、やっとの思いで沖縄まで出張に行ったくらいの弱小企業の分際です。しかもたった二回しか会っていない男にぽんと百万円を渡してしまうなんて、バカだと思われて当然でしょう。その百万円があれば生地を買い縫製代を払いと算段していた貴重な回転資金です。それなのに手ぶらで大阪に帰ることになってしまいました。

それから二十年後、彼から連絡が来ました。彼は立派に県議会議長になっていました。彼は、あのとき僕に語った夢を実現していたのです。感激しました。ある催しで東京に来るので会おうということになりました。会ったのは二十年前、しかも二回しか顔を合わせていません。正直言って、顔も覚えていないのです。

「じゃあ僕は目印にミキハウスの袋を持っているから」。そう約束しました。

当日、待ち合わせ場所であるホテルのロビーで待っていますと、彼がやって来ました。一目でお互いに顔がわかったのが不思議です。まざまざと二十年前がよみがえって来ました。その晩、大いに意気投合したのはいうまでもありません。

フレッシュな才能との出会い

そんな不思議な出会いも含めて、創業以来、私自身が全国を営業に飛び回り地道に販路を広げていました。しかし靴底を減らしながらの営業では限界があります。そこで、ミキハウス初の展示会を行うこととなりました。初めての展示会ですから、気合いが入ります。空間デザインのプレゼンを三社にお願いすることにしました。

喫茶店で打ち合わせをしたのですが、まず二社の方は背広を着てきちっとした方がお見えになり、つつがなく打ち合わせが終わりました。ところが、残り一社の方が約束の時間になってもなかなかお見えにならないのです。仕方なく電話を入れました。

「ご担当の方がまだいらっしゃいませんが、いったいどうしたんでしょう」。「いや、待ち合わせ場所には確かに行っているはずですよ。長髪で百八十センチの長身で、汚い格好をしているのがうちの担当の高水ですよ」。そういわれてあたりを見回すと、たしかにそんな人物が座っているのが目に入りました。

話をしてみますと、彼は社会人になって初めての仕事がこのミキハウスでした。その会社はまるっきり新人を寄こしたわけです。しかし、話をすればするほど熱意とセンスを感じました。一発で彼の会社に発注を決めました。予算は七十万円だったのを覚えています。

展示会は大成功。それまで私自身が靴底をすり減らしてセールスに行っていたところを、お取引先やバイヤーから展示会に来ていただけるようになりました。これが弾みになって、ビジネスモデルが進化したと言えるでしょう。

それにしてもこの高水との出会いにも不思議な縁を感じます。それ以来店舗設計もすべて任せるようになり、今ではミキハウスのグループ会社の代表をしています。まるで学生のようなヨレヨレのジーンズ姿の彼に、才能を見いだしたことは正解だったのです。

コンセプトは「ワンルックトータル」

ミキハウスでは早くから「ワンルックトータル」というコピーでトータルコーディネートを企画しました。ズボンだけとかシャツだけではなくて、帽子からバッグから全部、ひとりのトドラーの子どもを想定して「ワンルックトータル」というものを考えたわけです。おしゃれな人だったら洋服だけじゃなくて靴とかバッグとか、そういう小物の方にもちゃんと気を配る、そういう時代に入ったと思ったんです。そのころの子ども服にはそういう発想はなかったですからね。メーカーそのものも、シャツ専門とか、ズボン専門とか、ソックス専門とか、みんなバラバラでした。それを僕はひとまとめに「ワンルックトータル」でやりだした。ですからアイデア自体が非常に新しかったんですね。

でも、デザイナーの描いたファッション画にはトータルファッションで描いてあるけど、帽子とか靴とかはお金がなくてつくれない。

それで、こういう着せ方をしてほしいというデザイン画を小売店に渡すわけです。「うちにはシャツとズボンしかないけれど、ソックスはこれで靴はこうでバッグはこうで、自転車だったらこういう自転車ですよ」と。われわれは「ワンルックトータル」というコンセプトに自信を持っていた。そして徐々に服以外の商品もつくりだすわけです。ロットの問題があるから、靴は市場で買って自分たちでボタンを付けて、レースを付けて、服と色味を合わせるように染めたりとかね。はじめはそんな工夫をしました。

ただ、そういうサンプルを持っていっても、小売店は「うちは靴なんか要らない」。ズボンだけとか、シャツだけとか、われわれが意図するものと違う売れ方をするわけです。僕らは違う。センスのいいお母さんには理解してもらえるはずです。この帽子にこのシャツにこのズボンにこのソックス。こういうバッグを持って、こういうリュックサックを背負って、という「ワンルックトータル」を僕らは企画して表現しているんです。ところが、小売店では「うちは靴下だけもらう」とか言って、トータルで売れないわけですよ。

たとえば靴。メーカーの月星シューズさんに行って、向こうの研究者の方といろいろ話をして、赤ちゃんにとって一番いいものをつくりました。あまりに品質重視のため価格が高くなってしまい、月星さんでは売ることができないというような靴をミキハウスなら商品化することができる。

ただ試行錯誤を経てようやく完成したシューズですが、展示会で発表したってアパレルでは靴はだれも相手にしません。なぜか。「こんな箱ではかさばる」と。靴箱は四角でしょ。それで一足三千円ぐらいですよ。服一枚に比べて送るのも大変だし、展示会をしてもだれも買ってくれません。

これはいかんと思いました。ですから、もう直営店をやるしかない。自分らはトータルファッションをうたいながら、専門店にセールスに行ったら「このズボンはいいなぁ」とズボンだけ買われる。「帽子はかわいいわ」と帽子だけ買われる。われわれが考えている「ワンルックトータル」というものを、エンドユーザーである消費者に向けて表現できないわけですよ。店頭に並ばないのですから。

だから、お客様にわれわれのコンセプトを届けるために直営店を展開することになっていったんです。それも当時の子ども服の会社としては、型破りだったでしょう。とにかくただ売れればいいという拡大路線とは根本的に違っていたんです。われわれのコンセプトをわかっていただける方にわかってもらえるように、そう考えていましたから。

それで京都にあるファッションビルの「バル」というところにお願いして、八階に五坪くらいの店をオープンしました。一九七八年（昭和五十三年）秋のことです。まあまあの売上げでしたね。そこでやっていたら、原宿の「ラフォーレ」に六坪くらい空いてる店舗があるという情報が入りました。

原宿に東京進出の直営一号店

すぐ佐藤館長という方に会って、こういう店をやらせてほしいと交渉しました。そうしたら、「半年だけは六坪のスペースが空いている。だから、売上げの一〇パーセントで貸しましょう」。ライトの跡とかあるけど、半年だけの出店だから工事をしたら困ると。工事をして出なくなったらいけないから、「什器は貸しましょう」というわけです。スタンドみたいなものを借りたりして、商品を並べて仮店舗みたいな外観でのスタートでした。それでも精一杯自分たちの「ワンルックトータル」を表現したんです。

しかし、売れない。なにしろ「ラフォーレ」の中でも一番奥の目立たない場所です。でも僕もプライドがあるから、自分で買っておこうと。どのくらい買ったらいいかわからない、大阪の人間ですからね。それで、だいたい一千万円ぐらい買っておいたらいいだろうと思って、月に一千万円くらいレジを空打ちして売上げをつくっていくことにした。レジにお金を入れるわけ。そうしたら、向こうは一〇パーセントの家賃を取って九百万円振り込んでくれるわけですよ。実際は一か月で百万円ちかくは売れていたんだろうね。それを半年続けた。半年で五百万円くらいは実際に売れたと思う。

そうして六か月たったとき、佐藤館長に「ありがとうございました。力をつけてからまた頼みます。何かの機会にまたチャレンジさせてください」と言おうと思って行った。

そうしたら佐藤館長は僕がしゃべる前に、「お疲れさんでした。もうお約束の日にちがきましたね」。僕は何も知らないで、「ご迷惑をかけまして、ほんとうにすみませんでした」と言いかけたら、「あなたのところに行ってもあまりお客様がいないのに、よく売れますね」と言われた。自分には売れてないというのはわかっている。本当は自分で買っているんですから。でも向こうにしたらレジが打たれているから、データの上では売れているんですよ。向こうの売上げにしたら六千五百万円。あの空いた店舗で六百五十万円の家賃収入が上がったんだから、「ラフォーレ」側はニコニコですよ。ほんとうのところを言ったら、向こうに家賃が一〇パーセントで、こちらは六か月で六百万の損です。

それで佐藤館長が言うには「あそこは次がもう決まってるけど、一階を入った右から三軒目は十二坪だ。今度はあれをやってよ」と。それで、僕はすぐに考えた。「今度は月にいくら買わなければいけないのかな……」と。

でも、やるからにはと思って、我が社の店舗デザイン担当に言った。

「きれいな、本当におもちゃ箱を引っくり返したような、かわいいお店をつくりたい。それでだめなら、もういいじゃないか」

お金をかけて、すごくきれいなショップをつくったんです。そうしたら、同じ商品なのに自分で買うどころか、もうすぐさま売切れ。不思議ですよ。僕が考えた明るい店、かわいい店づくりが本当に当たったわけです。お客様の心をとらえ、ほんとうの売上げになりました。

考えてみれば、同じカレーライスを食べるにしても、すごくきれいなお店でガラス越しに芝生がずっとある景色を見て食べるのと、「味はまあまあやな、でも汚い店だな」というのではね、満足感が違うでしょう。彼女でも連れて二人で食べに行きたいなと思うような店、女性であれば「彼と二人で行きたいわ」と思うような環境をつくってお客様に提示しないと商売はだめなんでしょうね。人にとって環境がいかに大事かということです。

もちろん、商品には自信があった。ミキハウスは大阪の八尾でつくっていても高級品ですから、商品そのものは取り合いされるくらい売れていた。「高いなぁ、でもやっぱり何か違う」とお客様にはミキハウスの良さが伝わっていたはずです。でも東京の原宿のお客様はどうなのか、果たしてミキハウスの商品は受け入れられるのか、まったく未知数でした。

だからラフォーレの十二坪の店舗に変わったとき、内装に多額の投資をしたのも大きな挑戦でした。東京進出の直営一号店、それはやはり力が入ります。一号店というのはものすごく気をつけなくてはならないですね。どんな店作りをするのか、その空間でお客様に何を伝えるのか、それが大切です。

品質は一番いい。その代わり値段も一番高かった

ミキハウスは急成長期を迎えました。一九七〇年代はファッションの時代です。しかし、そのときでもつぶれている会社もありましたし、やっぱりいろいろですよ。企業経営の難しさはいつの時代にもあります。

しかし、ミキハウスは本当にいい商品をつくっていましたからね。品質においては信頼された。それにとにかく注文の電話をしたら一番早く商品が届くし、サービスでも何でも他社に負けるものというのは何もなかったと思いますよ。返事は一番早いし、品質も一番いいいし、その代わり値段も一番高かったかもしれません。でも、付加価値も一番高いからこそ支持されたんです。

広告にも力を入れました。『クロワッサン』という雑誌にも早くに広告を出していました。『アンアン』、『ノンノ』など当時創刊された女性ファッション雑誌にも出していましたね。商品を販売するための広告というよりも、企業イメージを向上させるための広告です。だから、なぜ読者対象が独身女性の雑誌に広告を打つのかと言われましたよ。しかし、彼女たちは母親予備軍ですから。おしゃれな母親は子どもにもおしゃれをさせたいと思います。イメージは大切なんですね。

汗をかいて、その汗を評価してもらうのが商売

順調でしたよ。その後の八〇年代、九〇年代。バブルに浮かれるようなことも何もない

ですしね。ミキハウスは本業重視で、安易に他業種に手を出すようなことはしていません。ただ、ちょうどそのときに商店街の一等地を買って、イメージアップのためにショップをどんどん出していったことも事実なんですね。多店舗展開を進めていました。

当時は企業の資産というものを三つに分けて残そうとしていたんです。ひとつはいい人材を採ること。ひとつはブランドイメージ。ひとつは含み資産、要するに土地・建物ですね。

ブランド維持のために、テレビやいろいろな雑誌に広告をしてブランドのイメージアップを図った。それは人材の採用の面でも有利に働きますからね。ブランドイメージと人材はリンクしています。もうひとつは、含み資産を持っていませんと銀行が相手にしませんので。でも、全国の商店街の一等地を買ったのは店舗展開のためであって、売買用に買ったのではないんです。

それでも、バブルのころはいろんなお話が山ほどありましたよ。ホテルをやりませんかとか、ゴルフ場をやりませんかとか。しかし全くやりません。そういうことはやる気がしない。全部話がうま過ぎる。おかしい。銀行さんを連れて来て、右から左にすぐ大金がもうかるといった話を持って来るんだから。

仕事というものは汗をかかなきゃ。どれだけ汗をかいて、その汗を評価してもらうかが商売であって、そんな右から左でこんなにもうかるというのは僕は嫌ですから、そんなものは一切断りました。もしそんなことで稼いだとしたら、ろくなことはない。

しかし当時はたくさんそういうのに引っ掛かった人がいたんではないですか。僕らは信念を持っていますから、そういったことは全くゼロですね。だから今に至るまで健全経営を維持しています。

第四章　人材採用と育成の秘密

住宅会社と間違えられることも

ミキハウスが第一期生を採用したのは一九七七年（昭和五十二年）のことでした。それまで僕と女房と弟と三人でやっていましたが、どんどん売上げが上がりだした。毎日フル操業。徹夜の連続。いつまでもそんなやり方でいいわけがない。社員がほしい。どういう方法でどんな人を採用しようか、ということが悩みでした。いつまでも採用しなかったら、従業員ゼロはゼロのまま。そのため、どこかでがんばって採用活動をしなければならないと思い始めたのです。

そこで最大手のリクルート社に行ってリクルート広告を使いました。その理由は二つありました。ひとつは女子学生にミキハウスをわかってもらいたい。それは、将来必ず役に立って返ってくる。彼女たちは母親予備軍ですから。リクルートブックというのは学生に配られる本だから、「就職したい」という気持ちで見たら普通の広告よりももっと深く見るんじゃないか、と思ったんです。女子学生がミキハウスのことをまずわかってくれる。だから、もし採用できなくても広告効果として考えられるということ。

もうひとつの理由は、創業時に採用する人材はいずれ上に立つ人になる。それならばやはり可能性に満ちた新卒を採りたい。そのために採用には力を入れるべきだという考えです。しかし本音では「採用できたらな……でもできないだろうな」、そんな不安もありました。世間的にはまだまだ無名のミキハウスに応募してくれる学生が、果たしていてくれるだろうか。でも、どこかで採用しないことには永遠に採用できない。それで、そういう努力をしなければいけないということで、自らを叱咤する意味もあったのです。

それで、リクルート社に通って見積書を出してもらいました。見積り額は一千二百万円でした。その頃の年間売上げが一億円ちょっとです。当時、生地を買う材料費が一千二百万円。ところが、これは広告代ですよね。一千二百万が右から左に消えるんですよ。これはちょっと痛い。そこで一年ウエイティングをかけた。これは今は無理だと思いました。

もしリクルート社に依頼するんだったら、一円も値切ってはいけない。もし値切ったら、「あれをしなかったから採用できなかったんだ」と、リクルート社に言い訳を与えてしまいます。うちは絶対値切らない。一年たって熟考の上、契約書に判を押して採用活動をしたんです。

リクルート社には、やはり五人は採りたいと希望を述べました。大阪のことですから、「関関同立」以上希望。東京で言えば六大学くらいでしょうか。むろん大学名にのみこだわっているわけではありません。考えてみたら厚かましい話ですね。第一、最初から応募してくれるとは思ってませんよ。まだ無名の会社に大卒が来るなんて思ってませんもの。だけど、一千二百万円も出すんだし、一期生ですからやはりいい人材を採用したかった。

それで努力して第一期生を五人採ったんです。しかし、これは思っていたよりも大変なことでした。ちょうどこの一九七七年頃は、採用状況は売り手市場。ミキハウスは知名度もなく、学生を引きつける要素などなにもなかったと言っていいでしょう。あるのは、将来へ向かってのビジョンだけです。

リクルート社は「これさえあれば採用できます」と断言してくれました。そして提示されたのが四つのアイテムです。リクルートブックへの掲載、会社案内、スライド作成、合同説明会参加。しかしリクルートブックや会社案内に掲載するほどの歴史も、華々しい業務内容もありません。ビジュアルに社屋の写真と言ったって、当時はプレハブですから、イメージ写真に頼らざるを得ない。スライドにしても、「将来はこうなります」という思いだけです。

しかし、これらの採用ツールを製作して、合同説明会に臨みました。合同説明会では一社十五分の持ち時間がありました。そこで、まずはスライドを上映して時間を稼ごうという腹づもりでした。

ところが、司会者にミキハウスの名が呼ばれて、いつまで待ってもスライドが始まらない。すると「すみません。スライド上映のプロジェクターが壊れました」。用意もなく十五分のスピーチをせねばならないことになり、しどろもどろでした。

その後、学生が各社の部屋で個別に話を聞く形になっているのですが、その失敗のあとですから、学生が誰ひとりとして部屋に来てくれません。さすがにリクルートの社員が責任を感じたのでしょう。淡路課長でしたが、彼が自ら学生に「ブースに来てくれたらコーヒー出しますよ」「弁当出しますよ」と声をかけたんです。まるで一本釣りですね。

ようやく二十名ほどの学生が集まりました。そして、なんとその場で面接をしてしまいました。淡路課長はさらに思い切った作戦に出ました。「いい学生が来ていますよ。内定を出してしまいましょう」。僕も即決しました。学生もびっくりしたでしょう。その場で五名に内定を出してしまいました。

しかし、その後、学生と人間関係を作るのに努力しました。今のように「ぜひともミキハウスへ」と意気込んで応募してきた学生ではありませんから、他社に目がいって内定を辞退されかねない。学生と一緒に夕食を食べに行ったり、飲みに行ったり。当時、私はあまりお酒が強くなかったですから、飲みたくもないのに飲みに行ったりして、学生を引き留めるのに本当に苦労したものです。

結局、学生の方は、みんな親に反対されながらも来るわけ。「せっかく四年制大学を出て、それも国公立大学を出て、何で男がそんな洋服をつくっている会社に就職するの」と言われているんですよ。ミキハウスといってもまだ全く知名度のない時代です。住宅会社と間違えられることもありました。本社といっても実にお粗末なものでした。

当時の企業規模からすれば、かなり無理をしたことになります。でも、採用しなければ、わからなかったことがあります。それは、その人たちのプライドです。せっかく就職してくれた社員のプライドを尊重するために、ミキハウスがそれにふさわしい会社にならなければならないということです。

社会的な責任を果たす「企業」を目指して

第一期生は五人とも入社してくれました。嬉しかったですね。だいたい、僕は来てくれないと思ってたんだから。実際に入社してくれるのは、採用したなかでもひとりか二人になるのではと思っていました。

それからはもう、以前にも増して僕は馬車馬みたいに働きました。楽をするために入れたのに、結果は楽をするどころかしんどいだけですね。それで心に決めたことは、ミキハウスは別に大きい会社でなくていい。小さい会社でいいから名刺を出したときに、「おまえはいい会社に入ってるな」と言われるような会社でありたい。営利目的だけの企業という発想は消えてしまいました。

「いい会社」とは売上げの規模で決まるわけじゃない。社会貢献をどれだけしているかというのが、人々の心に訴え、ひいては会社に対する社員の誇りにつながるはずです。社員が胸を張って名刺を出すということ。大阪は八尾の子ども服屋で、大きなことなんかできない。だけど、「本当におまえはいい会社に勤めているな」と社員が言われる会社をつくろうと思ったんです。「どうしてそんなところに」と言われないように。それが常に頭にあった。そのために背伸びしたことも事実なんです。

この一期生五人を採用したがために自分がやっぱり本気で一生懸命働いたということと、利益が出ているからといって気は抜けないなと自分の意識が変わったことは、ミキハウスの今日にとって非常に大きなターニングポイントでした。ですから、これは正解だったんです。会社の進み方としては正解ですね。

そのことに気づかずにいたら、売上げとか利益だけを目的に進んでいって社会貢献は忘れていたでしょうね。柔道場やスポーツスタジアムもないでしょう。お金だけいっぱいあって、大事なものは何もないでしょうね。そう思います。

今でも僕らは採用活動をするなかで、学生から「あの会社に入りたい」と思われる会社でありたいと思っています。幸い、学生からの人気は高く、「学生人気企業ランキング」に名を連ねることができていますし、毎年二万人以上の学生が採用試験を受験するようになりました。日本中のいろいろな大学、専門学校から毎年入社しています。そういう人がたくさんいてくれることによって、自分たちもがんばる。大阪の八尾にまで来てくれる学生に恥ずかしい思いをさせたらいけないと思う。

そうしたら、自ずと何かやり方というのはありますよね。イージーな採用をしていたら、僕はとても楽ですよ。しかし楽をしたらいけないと思います。やっぱりそういう優秀な人間を採用したという責任感がわいてきます。その人たちのプライドを預かっているといったことがものすごい刺激になって、会社を面白くさせていくんでしょうね。ですから、いつも新鮮に闘えるわけです。面白い。

将来のビジョンを見据えることが大事

八尾から無謀にも東京に出てしまった。出たらやっぱり行動しなければならない。東京第一号店を出店したものの、売れないから自分で買う。その買うというアイデアが出てこなかったら、僕は二度と原宿に出ていけなかった。買ったから、向こうの人はすごく売れているブランドだと勘違いして「入り口から三軒目でやれ」と言ってくれたんですね。いつか出直すときに、それが三年後か五年後かわからないけど、「実は昔ここでやらせてもらったミキハウスというもんですけど、もう一回やらせてほしい」と言いに行ったとして、半年で五百万円しか売れなかったというブランドには二度目はないですよね。

だけど、六千五百万円の売上げを取っていた。それだったら次回、力をつけて行ったときに、「あれより力をつけて商品をつくって来たからやらせてくれ」と言ったら、原宿も考えてくれるかなぁとかね。そう考えたわけです。だから、そういう立場に立たないとそういう発想というのはなかなか出てこないでしょうね。

実際、自分でも力不足だなと思ったんです。でも、何年後かわからないけれど、力をつけてきたときに原宿で売れないことには、日本を制覇できないと思っていました。先行投資でした。そこで沈没してしまったらだめですもんね。船が沈まずに後退したくらいだったら、「もう一回やらせて」と言えますよね。

ある意味、一見損をするようなことであっても将来を見据えていれば、そこで思い切って厳しい道を選ぶことが正しい場合もあります。いろんな場面場面で、その立場の正しいアイデアを出さないと生き残れないでしょうね。

だいいち、「ラフォーレ」の奥のテナントに出店したこと自体が間違いだったんです。暗い一番奥のところへ出店しても売れないというのは想像できたはずなのに、やっぱり東京に出店したい一心で出てしまったわけですよね。ミスジャッジしたわけです。それをいい方に持っていくには何をしなければならないかですね。やっぱりそれ相応の負担を負わないことには成功に結び付かないわけですから。そうやって考えましたら、第一期生採用のときの千二百万円という費用もものすごい出費ですし、原宿の六千万円も大変な負担。また、ブランドイメージを維持するためにやった『クロワッサン』、『ノンノ』、『アンアン』といったファッション誌への広告も当時はものすごく負担でした。

でも、それが功を奏し、結果的には今のミキハウスをつくっているわけです。ですから、目先だけを追っていたらだめなんでしょうね。そのときはすごい負担でも、じゃあ十年後はどんなイメージだろうかとか、そういう将来のビジョンを見据えることが大事なんでしょうね。

大切なのは持って生まれた能力や感性を発揮できること

全国の有名デパートを始めとする店舗で販売業務に当たっているのは、ほとんどが女性社員です。おかげさまで、デパートの方々からも彼女たちは非常によい評判をいただいています。「ミキハウスの社員さんは本当によく働いていますね」とよく言われます。「どうしてあんなにいい社員さんが育つのですか」と聞かれることもあります。

ミキハウスが人材に関して特に力を入れているのは採用です。そして人事。よく言われることですが適材適所ですね。

二十二年間育ってきたその人の個性、あるいはその人が背負っている文化を、企業が短時間のうちに変えることはできないと最近感じているんですよ。ミキハウスは約千人の社員がいまして、教育はしないよりする方がいいですけど、したからといってそんなに大きな変化をするとは思わないように最近なりましたね。それよりも、やっぱり持って生まれた素質みたいなものの方が大事ですね。就職する年齢はもう大人なのですから、できあがっているようなものですよ。教育によって本人も学び成長する部分もあるでしょうけれど、本質的にはそんなに大きく変わらないでしょうね。

ですから、その人の一番いいところを引き出せるいいポストを渡せるかどうかでしょうね。今までいろんな人間を使ってきて、人というのは、その人にあった立場になったら力を発揮するということもわかってきました。

そのよい事例が名古屋名鉄の柳瀬店長です。名古屋はデパート競合地域で、名古屋の老舗松坂屋、そして三越、高島屋と一流店がひしめき合っています。そのなかでミキハウス名鉄店は二年連続で昨年対比一五〇パーセントの売り上げを達成しているのです。不景気の時代にあってまさに偉業と言っていいでしょう。

しかも、彼女の店では残業ゼロなのです。だから、店のスタッフも喜んでついて行く。他店のＦＡ（ファッションアドバイザー）もみな彼女の下で働きたがるほどです。

こんなカリスマ店長である柳瀬ですが、ハッキリ言って最初は目立たない女性社員でした。ところがなんと入社二年目に、彼女が店長をやらざるを得なくなった。すると店長という立場に立ったことで、本領を発揮し始めたんです。

店長の下にいるＦＡだったわずか一年の間に、いろんなことを観察して吸収し、自分が店長だったらどうしたいか、しっかりと学んでいたんでしょうね。ミキハウスでは特にマニュアル化した店長教育はありません。だから誰から学んだわけではなく、自分で店長としての役割を身につけていたのです。

では、残業ゼロで昨年対比一五〇パーセントの秘訣とはなんでしょう。それは店に出ているＦＡが接客に専念できるよう、店長がその環境作りをすることです。新規顧客獲得のため、お客様への挨拶やアプローチはもちろんですが、お得意様にしっかりアピールをして次の来店につなげます。そのツールは、古典的なようですが電話や手紙。二、三週間来店されないお客様には、朝、夫や子どもを送り出して忙しくない時間帯にお電話掛けをしています。また乳児のいるお母さんには手書きの手紙。せっかく寝付いた赤ちゃんを起こされてしまうのは困りものですから、手紙の方が喜ばれます。そんな気遣いも、誰からも教わっていないはずですが自然に身に付いているんですね。

こうしてお得意様のご来店を確実なものにしておけば、それぞれのお得意様を想定しての品揃えもできますから無駄がありません。売上げ向上の好循環ができています。ただし、名鉄店で成功したからと言って、それをマニュアル化して全店で実施するようなことはしません。

なぜなら電話や手紙は単なるマニュアルやノルマになってはだめだからです。だれだって経験があるように、セールス電話にはうんざりします。なにも聞かずに「ガチャン」と切りたくなってしまうでしょう。そうではなくお客様が「電話をもらってよかった」と思えるためには、来店時に本当に満足してもらえる接客をすることが前提条件にもなります。

さて、以前この柳瀬店長と空港でばったり会ったことがあります。ご両親をハワイ旅行にご招待するというのです。彼女は独身ですが、仕事に専念できるよう、親御さんも協力してくれているとのことです。こんな思いやりと感謝の心がある女性だから、お客様からも信頼をもたれているのではないかと思いました。

ミキハウスの直営店は全国に約二百店あります。そしてみんな同じ商品を扱っています。什器も同じです。それなのに、やはり店ごとの差はあります。立地の違いなどはあるにせよ、やはり店長の力は大きいものです。しかもミキハウスはよく驚かれるほどマニュアルのない会社ですから、店長も自分で考え学んで成長しなくてはならない。それには店長としての資質、感性が大切です。しかしそれらは、持って生まれたもので教育で作れるものでもないんです。大切なのは自らの役割を自覚して、自分の能力・感性を発揮できること。

経営の立場から言えば、その社員にあったポストを与えることが最も大切です。ミキハウスの社員たちは個性派揃いです。新しい店長がどんな店づくりをするのか、どんな創意工夫をするのかいつも楽しみです。

育った人材に活躍の場を与える

「十人十色」という言葉があります。人の資質や能力はいろいろあります。しかし人間の持つよさを引き出そうという教育と、そうではなく型にはめようとする教育があるように思います。ただ大事なのは何でも自由にさせようというんじゃなくて、何で勉強しなければいけないのかという一番の根本をちゃんと教育すること。そうすれば実社会で働きだしたときに、ものすごいアイデアマンに育って、ビル・ゲイツみたいなフロンティア精神にあふれる人物になっていくかもしれません。

今までは日本の教育は型にはめるタイプでしたけれど、これからの時代に必要な教育は違うと僕は思うんです。うちの会社でもアメリカの大学院に留学してMBAを取得して、帰って来た社員がいます。彼はこの二年半でずいぶん変わりましたね。自分というものをものすごくきっちり主張できるようになりました。教育の違いですね。今までは東京大学を出たものの、やっぱり知識だけでノーアイデアでした。それが今は全然違います。具体的で的確なマーケティングのアイデアが出てくるようになりました。

僕が「こうやれ」と言うんじゃないんですよ。やっぱり向こうに二年半行っていて、彼自身が自分というものをわかってきた。それで、お客様が求めているもの、時代が求めているものは何かということも全部わかってきた。

アメリカの教育はすごいなと思います。個人に力があれば、アメリカで学ぶべきだと思います。日本みたいな全部平等主義で、なんでも手をつないでという横並びではない。だから個性的な人間が育つんですね。

では今度は企業としては、そんな個性をもった人材をどう育てるかということが問題になります。はじめから知識や能力に優れた人材が集まっていたら、それは結構なことですが、それだけではない。企業として、いかに育てるか、そして育った人材に活躍の場を与えることが大事です。

大企業は志願者が多いので優秀な人材も集まります。でも世間に名の通った企業でも、せっかくの人材を生かし切れてないのではないか、そう感じることがあります。

銀行に「人もください」

銀行ともお付き合いが始まった頃のことです。「お金だけじゃなく、人もください」。そう銀行の支店長に掛け合いに行きました。出向社員を出してくださいというお願いだったのです。銀行の方も初めはなかなか首を縦にしてはくれませんでした。

「そんな小さな会社に人を出せるわけないじゃないですか」とか「売上げが十億円にもなっていないのに」とか言われ続けました。それでも、何度も何度もしぶといくらいお願いに行きました。そして、ある年にようやく、国立大卒の人を二年間出向させていいということになりましたが、これはこちらが断りました。

「ミキハウスで骨を埋めてくれる覚悟のある人を」

そう言って、再度お願いしました。

世間では銀行から出向社員を派遣することには、よからぬイメージがあるようです。しかし私の考えは違っていました。今後、ミキハウスがさらにコンセプトを打ち出して、こだわりの経営をするには、財務のプロが必要だと考えたのです。野球ならピッチャーとキャッチャーがいるように、企業経営にも、夢を追って新規開拓する役とそれを資金面でバックアップする役の双方がいなくては著しく成長していくことはできません。

新入社員を採用して五、六年目にようやく、当時の第一勧業銀行から糸井さんに経理部長として来ていただくことになりました。それによって私は、さまざまなことに専念することができるようになりました。たとえばミキハウスは研究開発費に糸目をつけません。だから予算通りに収まりきらない場合も出てきます。それをうまく調整するのが糸井さんの腕の見せ所ということになります。早速、彼の入社した次の年から、倍々ゲームで売上げを伸ばしていくようになったのです。

その後、糸井さんには正式に籍をミキハウスに移していただき、専務取締役としてミキハウスを支え続けてもらいました。現在は、やはりみずほ銀行から後任の坂本さんが来て下さっています。

ミキハウスは個性豊かな面々が集まるユニークな会社でありながら、どこへ出しても恥ずかしくない健全経営であり続けています。またミキハウスが本業以外のスポーツ支援や文化支援をできるようになり、大きく事業展開できているのも、坂本さんのシビアな目があるおかげだと思っています。

新ブランドは社員の中から生まれてきたもの

現在原宿店一階で展開している新ブランド「Pink☆Lolly」は、ミキハウスの関連会社がやっているんです。これはファッション重視。いま流行のストリートファッションの女児ベビーブランドです。

僕らミキハウスは流行はあまり追わないわけです。クオリティ、安心、信頼。その路線でいく。だけど、そればかりをお客様は求めているわけではない。二、三回もしくはワンシーズンだけ着られたらいいというお客様もいる。そうしたら、そういう会社をつくって今の消費者ニーズに応える。それはそれ。棲み分けです。

僕らには、あんなファッションは無理だもの。最前線の流行を追ってますから。だから、原宿店の一階にある服はこの原宿という土地柄にあって、ものすごく売れるわけですね。

ただし、それはミキハウスとは違う。うちは違う。僕らは安心を売る会社ですから、流行を追うことは僕らには無理です。それははっきりしとかないとね。

だけど「バリバリのファッションをやりたい」とミキハウスに入って来て、「ミキハウスはファッションとはちょっと違うな」と思う社員もいるわけです。「クオリティ、クオリティと言って何も冒険できない」。そういう人たちを集めて、「それならやれ。一線を引いてやってみろ」と新ブランドをつくって、自由にやらせているわけです。

当然ミキハウスが資本を出したりはしない。「自分たちで出資して、自分たちでやりなさい」と。だから、本当に自分たちのファッションを試したいという意欲に燃えた連中ばかり集まってやっているんです。僕らが資本を一円でも出したら、やっぱり、いろいろ言ったりするでしょ、気になって。だから、資本は一切出さない。自分たちで資本を出して独立してやってみろ、と。ある意味厳しいかもしれません。

でも、活躍できる環境作りという意味では、強力にバックアップしています。ミキハウス原宿店に店舗を構えさせましたからね。原宿の竹下通りに店舗を出すといったら保証金でも何でも高いじゃないですか。さらに「二階に上がったらお客さんは入ってこないので、一階を使いなさい」ということで、ミキハウスの方は二階に上げて、一階をそのブランドに使わせてあげています。また、ミキハウスのお取引先には、関連会社がこういうブランドをやっていると紹介しています。我々の仲間がやっているということでね。ミキハウスには一銭も入ってこないし、何にもならないけれど、側面からのサポートはしているんですよ。今、急成長している会社でしょうね。

輝いている仲間の姿を見ることで、自分も頑張ろうと思えるはず

強制したり管理したりするのは嫌いです。強制されてうまくいくものはありません。人を育てるには、その人が活躍できる環境を与えることが最も重要です。それが能力を伸ばすのです。

新しいファッションで展開してみたい、チャレンジしてみたいという意欲がある人には、どんどん活躍の場を与えています。社員全員が見ていますからね。トップはどうするだろうと見ています。そういうことをやりたいという人間はちゃんと成功させているということが、皆のモチベーションが上がることにつながるでしょ。社員にとっては、ご立派な訓示を聞かされることよりも、現に輝いている仲間の姿を見る方が、自分も頑張ろうと思えるわけですね。

自分たちがプレゼンテーションをして、通ったらちゃんと応援してくれるというスタイルを社員に見せておかないといけないし、僕らはほんとうにそれを成功に導かなければいけないですしね。「トライしたけどダメだった」ではだめなんです。みんな、側面から見ていますからね。今まで一生懸命頑張ってきて、第二のスタートを切ろうといったときに

足を引っ張るか押すかといったら、やっぱり一生懸命成功するように押してあげないとね。だいたい会社のトップは「我が社は若い人を積極的に登用して、若い力を活用します」とか言うわけです。だけど、それが実際にできている会社というのは、どのくらいあるのでしょう。ほとんどできてないのではないでしょうか。成功している仲間の姿を見ることで、「若者に活躍の場を与えると言ったら、本当にやる。やっぱりうちの会社は違う」ということが事実として認識されると思います。いろいろな考え方があっていいわけです。ミキハウスの本筋とは違うといって若者の夢をつぶすようなことにしないで、大きく育てていく。若い人には若い人の発想がある。否定的に見てはいけません。

新ブランドの成長は、うちには数字的には何の恩恵もないわけです、直接的にはね。でも、仲間が成長するということは、やっぱり何かのときにみんなが助け合えるわけですよね。それが人材活用なんです。

社内の行事でも遊びの場でも、社員たちの本当の笑顔がそこにある

ミキハウスの社員の特徴といえば、社員がみんな本当に仲がいいということでしょうか。

普通、会社の人たちと遊んだりはしないでしょう。なんでだか知らないけれど、休みの日でもみんな一緒に遊んでいます。

先日も電話が入って、「どこにいるんだ？」と聞いたら、「四国です」と言うわけです。営業の連中がみんなで四国に行っていて、これから筏下りをするって。それで、「危ないぞ」と言ったら、去年三人ほど岩にぶつかって落ちたんだって。「今年は落ちないように」と言いました。休みを取って、奈良の営業部の社員がみんなで行っている。入社何年とかいろいろいるのに、みんなで行っていた。普通、仕事を一緒にしていたら遊び場では離れたがりますよね。あれは不思議だね。しかも、それが全部自主的なんです。

販売職の方でも、一店舗だとまがりなりにも店長がいて、店長は売上げも管理し、部下の教育も、百貨店さんとの折衝もある。店の中もある程度の組織になっていないと動かないわけですから一応上下関係があります。でも、すごく仲がいい。それぞれの社員どうしが尊敬し合って、年齢が上とか職種がどうとかの壁がなくチームワークがいい。店内の仲間どうしでも遊ぶ。レベル的に合っているのかもしれません、価値観や生活感覚が。なかなかそういう集団は少ないんじゃないでしょうか。例えば大阪の繁華街のミナミとかで会うでしょ。そうすると、ほんとうに会社の連中、みんなで群れてるものね。あれは、僕は珍しいと思います。

そういう職場の信頼関係があれば、それはお客様にも自ずと通じるのではないでしょうか。ギスギスした雰囲気でしたら、やはりそれは伝わるでしょう。人間関係がよいことが、売上げにもつながっているのではないでしょうか。

ミキハウスの研修は商品知識などの学習ばかりではなく、遊びを通じたチームワークの強化を図っていることがひとつの特徴です。

社員たちがみな「忘れられない一生の思い出になりました」というのが、広島の瀬戸内海沿岸でのカッター競技です。二十五名がひとつのチームになり、力を合わせてゴールを目指せば、おのずと社員の結束が固まります。もちろん、みな未経験です。櫂だけでも二十キロあり、それに水の抵抗が加わりますから、手の皮はむけて痛いし、大の男でもへとへとに消耗します。それを四レースやって、トータルの結果で優勝チームが決まりますので過酷な競技です。ひとりだけ舵を操作する役目がいますが、それも難しい。チームメンバーで体力配分などの作戦を練る必要もあります。

競技のあとは、バーベキュー。ミキハウスは全国にショップがあるため、研修後はみな各配属先に散ってしまいます。だからこそ、みんなで集まってせいいっぱい汗を流すことが共通の体験になるんですね。

だからカッターで同じチームになった社員は特に仲がいいんです。仕事をしていれば辛いこともあります。「あの子、辞めそうなんだって」となると、カッターの仲間が次々に電話して励ましたり、ということもあるようです。あのカッターの時に一緒に泣いてくれた先輩から電話をもらった、となると心を動かされるのでしょう。社員同士で率直に語り合い高めあえることこそ組織の活性化になります。社内の行事でも遊びの場でも、社員たちの本当の笑顔がそこにあります。

さまざまな女性社員から、「ノルマを達成したから食事会だ」とかいろいろな誘いの電話が僕のところにもかかってきます。うちの会社は社長も平社員もないんです。このコミュニケーション、開かれた組織は作ろうと思って作れるものではないかもしれません。

社員とのコミュニケーション

人を育てるにあたっては一人ひとりとのコミュニケーションが欠かせないと思っています。各地に出張に行ったときにも、それぞれの販売職のスタッフと食事に行くとか、できるだけ機会を見つけてコミュニケーションの場を設けるよう努力しています。

そういったときにやっぱりこの人はこういう個性を持っているとか、一生懸命見ていますよ。いろんな話をしながらね。その後、人事担当から相談を受けたりしたときに、あの人は食事に行ったときにこんなだったなと思い出しますね。人事には適材適所と言いますが、実際にはなかなか難しいものです。食事に行ったこともなかったら何もわかりません。

社長だからといって偉そうにしたってしかたないものね。できるだけ社員の近くに行こうとしていますね。一般的には社長というのは雲の上の人で、威厳を持っているというものかもしれませんが、うちの会社はそういうのはありません。社長も社員も一緒です。

先日、僕がスポーツスタジアムにいたんです。そうしたら、秘書から電話がかかってきて、「社員のひとりが歯が痛いと言っているから、社長、医者へ連れて行ってくださいよ」と言うわけ。顔が腫れあがってしまって、とてもひどい状態だというんです。じゃあということで、僕がベンツ運転して歯医者に連れて行って、治療している間待っていて、そのあと家まで送ってあげました。そのときに彼女に謝ったの。「ごめんな、今日は蝶ネクタイしてなくて。白手袋も忘れてしまった」と。

うちの会社はそんなふうですよ。

マニュアルのない会社

ミキハウスはよそから見たら驚かれるほど、マニュアルのない会社です。ふつうの社員管理、社員教育という発想ではないですね。だいたい僕は社員に任せますね。恐らく社員も大変だと思いますよ。「こうせい、ああせい」と言われたら、失敗しても「社長が言ったからこうして失敗したんだ」で済むでしょうけれど、「任せる」と言われて失敗はできませんからね。

そして任せたからには、ごちゃごちゃ口出しはしません。口出しするくらいだったら自分がやります。例えば出版部なら出版の社員に任す。でも、月刊誌で十五年間毎年約五億円くらいの大赤字を出していました。だけど、ずっと任せている。いちいち、一から十まで指示するということはない。その結果、赤字時期を乗り越えて、いまでは業績が上がってきています。この出版不況の中、ミキハウスの本づくりが評価されてきたんですね。

もちろん、任せられるかどうかは、最初に見極めています。だれにでも任せるわけではありません。この社員だったらちゃんとできると判断するから、「おまえに任せる」と言うわけであって、信頼していないものには任せることはできない。

任せた以上、それでだめだったら僕が悪いんであって、社員は悪くないんですよ。上司っていうものはそういうものです。それを勘違いして、「おまえに任せたのに、だめじゃないか」って、そんな上司は馬鹿なんですよ。

例えば、「これをちょっとワープロに打って」と言うと、ちゃんと誤字のないように打てる人に仕事を回すはずなんですよ。一緒なんです。任すということはできるから任すのであって、もしその人が誤字脱字をいっぱいするような人だったら、その人を怒るよりその人に出した自分が悪いわけですよ。そこを勘違いして、うちの社員はどうもできが悪いとか、仕事ができないと思って怒る。「おまえたちはダメだ」とか小言を言って、それで部下を指導しているつもりの上司が世の中には多いようです。

ですからコミュニケーションを普段どうやって取るかというだけの話ですよ。それが疎遠であれば、いろんな問題が起こるでしょうね。僕は時間があれば社員とのコミュニケーションに割くようにしています。社員の名前はだいたい覚えています。

上司というものは例えば課長、部長と上に行けば行くほど、部下に何かを与えなければいけないと思うんです。それは自分のいままでの体験とか、いろんな技術とか、いろんな知識とか、そういうものでいいわけです。「あの先輩からはこれだけ学んでいる」。部下はそう感じます。

それで、もし自分が与えるものがなくなったら物を与えなきゃいけない。酒でもおごらなければね。教えることがいっぱいあったらおごる必要はない。割り勘でいいと。その辺がわかっていないと大変なんです。

上の者は下に与えて当たり前なんです。与えてイーブンなんです。同じ知識と同じ技術で、なにもかも同じだったらこんな上司は要らないわけですから。でも、かりに知識や技術が同じでも、経済的に豊かで飲みに連れて行ってくれたりしたら、部下はストレス解消になるし、それはプラスですよ。上司にしても、おごってもメリットはあります。そういう中で心も伝わるし、「みんなでがんばろう」というやる気も伝わるわけです。

大企業の不祥事がニュースになることがありますね。そんなとき、責任があるはずの上司が部下のやっていることを「知らなかった」と言っていることがよくあります。でも、それは何があっても全部上司の責任です。それなりに高い給料をもらっているんです。上に立つ者はそれだけ責任を持って仕事をしなきゃいけない。ですから管理部門の社員に対しては厳しいですよ。けっして優しくはないですね。

過去の成功事例をもちださない

ミキハウスは、過去はすべて否定させています。「過去のことは忘れろ。成功事例をもちだすな」と。そういうのは終わったことだから、今の担当者が自分流でやらなければいけない。過去がないから水平思考でできるんです。新しい考え方で物事ができるわけです。ただし、会社の方向性は明確にします。あとは自分の力でやって結果を出していく。

ミキハウスは若手もどんどん登用しますし、年功序列ではありません。成果主義も導入しています。つまり、ある意味では厳しいかもしれません。結果を出さなければだめですからね。でも信頼して任されているということで、任された人はやる気が出ます。だからみんなが本当に前を向いて伸び伸びと仕事をしています。人に言われてやるのとは違う。自分の目標を目指して仕事をしているから、楽しいのです。

そうやってがんばる場を与えていく。自分が責任のある立場になったら、勉強しなければ仕方ないものね。下にいる間はやっぱり作業になるでしょ。だから言うんですよ。「何も考えないで単に作業になったらいけない」と。何をするにもアイデアが必要だし、常に向上させるように工夫することが必要です。

結局、社会に何を求められているかなんですよ。そこをやっぱり把握しなければならないと思いますね。ミキハウスとしてそういう意識を持って、あとはやり方だとか、個々の場面では一人ひとりが工夫していかなくてはなりません。仕事は理解するのではなくて、まず創造していかなければ。

思えばミキハウスの歴史は、普通の企業経営の常識から考えれば型破りの連続だったかもしれません。人材の採用にしても、社員がひとりもいないときに大学卒を入れるというような乱暴なことは普通はしないはずです。でも、その型破りなことの数々が今のミキハウスをつくっています。そして、次の代になったら、もっと豊かな土壌をもつ企業になっているんじゃないでしょうか。若い人たちが、私の到達できなかったことをやってくれることでしょう。

第五章　ミキハウスであるということ

「いいものを大切に使う」というのが生き方

父親から教わったことはたくさんありますが、なかでも大きいのは本物志向ということでしょうか。「ホテルでもどこでも泊まるなら一流に泊まれ」と言うんです。「ぜいたくはしなくていい。だけど、やっぱり一流ホテルっていうのはいろんなサービスや安全管理がちゃんとできているから、自分の体のことを考えたら安いホテルの高級な部屋より高級ホテルの一番安い部屋へ泊まれ」と。

やはり人間、下げたらどこまでも下がるから、顔を出すなら一流どころへ顔を出すようにしないといけない、というようなことをよく親父が言っていました。ですから、僕は独立したときに貧乏でしたけど、やっぱり地方出張に行ったらその地の一番いいホテルで一生懸命値切って安い部屋に泊まっていました。

基本的に「いいものを大切に使う」というのが生き方なんでしょうね。粗雑な感じのものは好きではないですし、それは父から引き継いだ文化でしょうね。「安物買いの銭失い」というのはない。ひとつ買うと、とにかく大切に使う。何でもかんでもブランド物を買うということじゃなくて、いい物を大事に使う。

結局それがミキハウスの商品にもそのまま受け継がれているんじゃないでしょうか。ミキハウス創業当時ですら、一番の高級品店以外は営業に行かなかったんですから。一生懸命心をこめてつくったものを二流店へ売りたくないし、松山のお店なんか七回目でやっと取引できるようになりました。絶対あの店は無理だと言われたけれど、七回通って。日本中すべてひとりで行っていましたから、七年ぐらいかかったでしょうね。年に一回ずつぐらい行って。

最後には「こいつはいいものをつくっている」というのがわかってもらえるんですね。ですから、売れるとか売れないといった数字じゃないんです。僕がつくったものを扱えばその店が傷付くようなことはないですね。安心して頂ける。その代わり、こっちもその地で一番のお店にしか行かない。

それが品質による信頼関係なんです。ブランドのロゴが付いているから高いんだというだけの商品では、一時は流行に乗ったとしても長い目で見て生き残れないんです。例えばルイ・ヴィトンでも、聞くところによりますと品質は確かでしょ。そんなにすぐ破れるというようなことは絶対にないですものね。エルメスでもそうですし、名前で御商売をなさっているところは、それだけ製品に自信と誇りを持っているものだと思いますね。

ミキハウスの成長とともにロゴも変遷

僕が家を飛び出したときに、親父の親友で姓名学をやっている人が、僕と女房の名前を見て、「三起産業」という名前がいいから使えと言ってくれたんです。それで、しかたないからＭＩＫＩをロゴにしたわけですね。

現在の赤い「ミキハウス」のロゴは、ありがたいことにみなさんに覚えていただいて定着しています。でも、はじめからこの赤いロゴだったわけではありません。ミキハウスの成長とともに、ロゴにも変遷があるんです。

最初はまず「ＭＩＫＩ」の四文字だけ。三十何年前ね。それから、墨で書いたような字体で黄色ベースに焦げ茶。これが五年くらい。ちょうどジーンズがはやり出して、白に赤というのはちょっと合いづらいなと考えたんです。黄色に焦げ茶だったら割合にジーンズとか、そういうものにぴたっと決まりまして、すごくいい札でしたよ。

ただ、五年くらい使いましたでしょうか。飽きがきましてね、それに。それで、また変えたんです。また丸いロゴに戻した。白に赤。一九八六年（昭和六十一年）頃に二段ロゴから一段ロゴになった。

ロゴの変遷は、ことさらＣＩをしようということではなく、時代に合わせてやってきたことで、別にどこの代理店も入っていません。みんな僕の独断と偏見でやっています。

商品と汗と心が一緒になっているから、当然売れる

企業規模が大きくなるにつれ、合理性を追求していくのは当然のことです。しかし本当の意味で合理性とは何か、いま一度立ち止まって考えてみる必要があるのではないでしょうか。正直言ってミキハウスの場合でも、やっぱりいろんな意味で経営に無駄なお金を使っているわけです。そんな反省点はあります。

例えば今はアウトソーシングがビジネス世界の流れとなっています。ミキハウスの場合も物流を外部に頼んだりして、社員は汗をかかないで楽をするようになったんです。その結果、だれもがどの商品がどこに流れているかわかっていない。そういった弊害が生まれる場合もあるのです。

ミキハウスには、ブランドがいくつかあります。なかでも伸び盛りなのが、ベビーブランドの「ミキハウス　ダブルＢ」と「ミキハウス　ホットビスケッツ」です。それぞれに

二十億円ぐらいの売上げを上げています。このふたつのブランドに通ずる成長の法則は、ずばり汗をかいていることです。

このふたつのブランドはどうしているかといいますと、アウトソーシングしません。ブランド担当者が旧態依然として自分で倉庫まで行き、パッキングして発送して、と必死になって汗を流しているんです。

先日も酔っぱらって午前一時頃に会社に帰ったら、彼らはまだ仕事をしているんです。

「おまえ、もういいかげんにしろよ」

「いやいや、これだけはやらなきゃいけないんです」

東大を出た男性社員がねじり鉢巻きをして、もう夜中で誰もいませんからパンツ一丁になって、パッキングを並べて仕上がってきた商品を入れているわけです。商品と彼らの熱意、そういったものが一緒になって配達されていくんです。

そして担当者がなぜその商品が上がってきて、何のために発送されるのかをメールで各店に送っている。そうしたら店の人たちにも何かが伝わっているんですよ。こうして送ってくれたなら、がんばって売ろうと。その商品と彼の汗と心が一緒になっているから、当然売れます。見ていたらよくわかった。このブランドは伸びるし、売れるな、と。

「ミキハウス　ダブルB」と「ミキハウス　ホットビスケッツ」はともに汗をかいてるブランドです。しかし、面白いことに相違点もあります。あえていうなら、コンピュータ・タイプと勘《カン》ピュータ・タイプとでも言えるでしょうか。

「ミキハウス　ダブルB」の担当者は、コンピュータにとても強い東大卒の九州男児。このブランドは商品にPOSタグを付けて、徹底した商品管理をしています。それによって売上げや在庫もコンピュータで分析し、生産管理の判断材料にしています。

一方「ミキハウス　ホットビスケッツ」の担当者は、男気のある、佐賀大出身の九州男児。こちらはPOSをつかわず、徹底したアナログで、「どうなってる？　売れてますか？」と各店に電話をかけまくって、人づてで情報を入手しています。そしてショップにも出向き、「何が売れている？」「これが売れている」「そうか」といったやりとりを重ね、店とのコミュニケーションを重視しています。現場に足を運び、消費者の声、現場の声を直接集めているのが強みでしょう。

どちらのブランドも、担当者が熱意に満ちて汗を流しているのは同じです。コンピュータを駆使している「ミキハウス　ダブルB」も、コンピュータに使われるのではなく、判断の道具として使っているところに才気があります。双方よきライバルでもあり、今後が非常に楽しみです。今のところ、勘ピュータの「ミキハウス　ホットビスケッツ」の方が、毎年一、二億円売上げで勝っているのは、非常に興味深い点です。

かつて僕らが汗をかいて一生懸命出荷をして、必死に育てたのがミキハウスというブランドです。そして今や核ブランドのミキハウスというブランドは、子ども服では世界一大きいブランドだと思うんです。ひとつのブランドでこんなに売るのは、子ども服では他にないだろうと思うくらいです。

ところがビッグブランドのミキハウスは展示会で注文をとったら、全部コンピュータで外部倉庫から勝手に自動発送。全部自動なんです。ぬくもりを感じづらい。ショップの人も商品が着いたと、単にそれだけの認識になりがちです。だから、その商品にエネルギーが少ないんでしょうね。こういうブランドは成長しませんね。担当者もみんなコンピュータばかり見ていて、物だけが流れて心が流れていないわけです。これはブレーキですね。低迷してもおかしくないと思います。やっぱり汗とか、一生懸命さとか、努力とか、見えてなくても何か別の形でお店に伝わるんでしょうね。

コンピュータより勘《カン》ピュータ

「こんな服をうちの子に着せたかった！」。そう言って喜んでいただける商品づくりを、ミキハウスはなぜ続けることができたのか。それは、お客様のニーズに応えていたからです。どんな業種の企業も「顧客満足」を高らかにうたっています。「お客様のニーズ」とは耳にタコができるほどよく聞く言葉です。しかし、この拍子抜けするほど簡単なことができていない。そんなケースがあまりに多いのではないでしょうか。

それはなぜなのでしょうか。企業という規模で見た場合、お客様最前線の意見がクリエイティブに反映されない、そういった弊害があるかもしれません。「大企業病」といわれるように、組織の硬直化が起きているのかもしれません。ミキハウスは企業としてはまだまだですが、それでも初心に返ることの大切さを痛感します。

創業当時は自分独りでやっているから全部わかるわけです。マーケティング、企画、製造と一貫して把握ができているから、ブレがない。ムダがない。

生地の発注も全部僕がやっていたわけです。あの倉庫に生地が何反置いてある。何色が何反、何色が何反と全部頭に入っているわけです。「これが売れた。追加がきたが商品がない」と聞けば、「それなら、あの倉庫のあれを使っておけ」ということで僕が発注して、いつまでに上げてと生産管理までをやっているから、全部流れがわかっている。これが強みだった。

ところがいろんな仕事をやってきて忙しくなって、企業規模の拡大とともに「じゃあ、これは彼に任せよう」と業務の分担をするようになってきた。するとどういうことが起きてくるか。かえってムダがでるわけです。

コンピュータより勘ピュータの方が大事なんだと思う。コンピュータに偏重してしまうと、コンピュータは判断してくれないわけですよ。一番大事な判断をするための材料収集のみをコンピュータに求めたらいいのに、大抵の場合は違うところへいってしまうんでしょうね。そんな気がしてなりません。

「ミキハウス」とタグを付けるためのハードル

毎日洗濯をするお母さん方には、ミキハウスの品質は折り紙付きです。子ども服は大人のものと違って汚れ方も激しいけれど、ミキハウスのものは、よれたり、色あせしたりが少ない。子どもが大きくなって、着られないようになりますでしょ。でも、まだ新品同様です。あれだけ洗濯しているのにはとんど傷まない。

なぜミキハウスの製品は傷まないのか、型くずれしないのかと言えば、まず素材が違います。布地の糸からうちはこだわっています。創業当初から最高品質の素材を求めて、どんどん進化しています。そして布地の編み方、織り方も研究しつくしています。今や最高点に達していると言ってもいいでしょう。

洗濯をしているうちに型くずれしたりするのは、もともとの素材とカッティングの違いでしょうね。素材も大きいですよ。特に赤ちゃん物なんかはニットだと機械でやるんですが、糸の撚りや編み方にもとても工夫をこらしているんです。糸づくりから全然違う。だから、僕のところのものは製品になったときにねじれません。生地そのものがいいから。それにはいろいろと難しいことをやっています。

糸にもいろんなメーカーがありまして、なかには技術力を売りにしているメーカーがあります。ただ、他社では「これは高いからちょっと使えない」というのを僕のところで使っていくわけです。技術的には可能でも、コストのために他社では採用できないわけです。高価過ぎる。「でも、これはねじれはないですよ」。「ならば、それはぜひ当社が使いたい」

と。赤ちゃんにいいこととか、子どもにいいものは全部使っていく。

本当によい素材といえば、絹が一番なんです。絹は汗をすっと吸い取って出す性質を持っています。けれど高いし、いちいち手洗いしていられません。ミキハウスでは主に絹のような肌触りのエジプト綿をはじめ、アイテムによって綿の種類もいろいろ使い分けて適材適所に使っています。安定的な品質と吸湿性がいいものを選んでいます。

赤ちゃん用の「ミキハウスファースト」は特にそれが顕著です。赤ちゃんの肌に直接触れたときに、汗をみんな吸い取ってくれるんです。

デニムは人気商品ですが、赤ちゃんにデニム？　と誰も思いつかなかった時代から始めて、赤ちゃんに優しいデニムを開発したのもミキハウスです。

製品によっては、糸をバクテリアに噛ませて穴を空けて吸湿性をよくして、それを編み上げるという工夫をしたものがあります。そうすることで、さらに肌ざわりがよく、吸湿性もあがるという報告を聞いています。そんな繊維の開発をしている研究グループがあり、「比較してもらえますか」と言ってこられます。ミキハウスは子どもにいい素材であれば、新しいものでもどんどん使う。そういう研究所の見学に行くこともあります。

ウールにしても、それぞれに最高級の素材を使っています。以前こんなことを言われました。「何でこんなに高級素材を使うんですか。子どものものなのにもったいないのではないですか」と。

ブレザーを例にとりますと、布地は高級ウールを使います。見て触っていただければ実感できます。立体縫製をしている肩のラインをはじめ、うちのは縫製も全然違います。その代わり高いです。大人並みの価格です。でも、あれがまた不思議にものすごく売れているんです。担当者によると、子どものブレザーは他社にいい商品がないんです。お客様はよくわかっていてくださると思います。

高いといっても、そのお下がりを次の人が使えばいいんですから。次の人は一銭もかからない。そういう具合に有効利用してほしいんです。

先日ボストンからメールがきました。向こうにリサイクルセンターというのがあるんです。それで、メールをくれた人が「私は日本人として誇りに思います。ミキハウスの商品がそこではものすごく取引されているんです。リサイクルセンターの力がミキハウスだけは別格と評価して取引されている」とのことです。それだけやっぱり認知されているわけですよ。嬉しいメールでした。

いくらいい素材を使っても、店舗に並んでいるときは消費者には見た目ではわからない差なんです。でも洗濯したらすぐにわかります。

今や子ども服も、本当にファッション性が高くなっています。我が子をかわいく装わせたいという親心はよくわかりますが、過剰なほどのデザインすら見受けられます。しかしミキハウスは根本的に違います。レースなどのひらひらと過剰についたものはできません。ひらひらさせたらかわいいんですけど、耐久性はないから。耐久性、安全性を考慮するとデザインにも自ずと限度があるわけです。

「ミキハウス」とタグを付けるには制約があるんです。ミキハウスの製品は実に高いハードルを超えて、商品となって店頭に並んでいるんです。

子どもの足の発育によい靴の研究

貧乏だった創業時から、売上高だとか経常利益といったことより、「誇らしい商品を提供していこう」と力を注いできました。「お客様に絶対に喜んでいただけるいい商品をつくろう」と気概を持ってきましたから、品質には一切妥協なし。使っていただいて苦情の出るような商品は絶対つくらない、という気概です。結果として、ミキハウスの商品は完成度としては非常に高いと思います。

たとえば靴。当初、靴をアパレルが扱うということには、みんな大反対だったんです。荷がかさばるとか、いろんな要因があってアパレルで靴を売ったことはありませんでした。でも「それは、違う！」と。「うちの靴は普通の靴と違う」。そう自信を持って当時の固定観念を破っていきました。

まず、靴の研究をしている月星化成さんのところにお願いに行きました。月星の研究員の方々や、足の研究をされている先生の御指導を受けたりして、子どもの足の発育によい靴の研究から始めました。「出すからには、他社が出さないようないい物を出したい」。そんな意気込みで最高品質の子ども靴をつくっていったんです。

最初は月星さんもなかなか取引をしてくれなかったんです。とにかく何度もお願いにいって、自宅も担保に入れました。ただその頃には、ミキハウスの商品が実際にどんどん売れていましたから、最終的にはそれを認めてくれました。それと、やっぱり物づくりの姿勢ですよね。いいものを一生懸命つくっているから、信頼関係を築くことができたんですね。

実は月星さんも、僕らが要求するような高度な製品は作りたくても作れなかったんです。

なぜなら高い技術はあっても、製造コストがかかってしまい、採算に合わないからです。メーカーさんがいくら技術を持っていても、売れなければやはり宝の持ち腐れになってしまうわけですよ。

子どもの足にいい、柔らかい上質なゴムを靴底に使うと、足にフィットすることはわかっていても、価格から素材を選定すると使えなかった。いい素材を使うと一足の小売価格は三千五百円くらいになるんです。そんな商品を扱う小売り業者はありませんでした。しかし、僕らは製品を高値で買いますから月星さんにしても高値で売れる。ですから思ったような素材を使えて、足にシュッとくっつくような靴を作れる。向こうも喜んでくれました。

それでも、最初はもうこわごわですよ。店に置いて売れるかなと。今までの靴に比べるとたいへん高いですから。すぐに成長して履けなくなる子ども靴に、贅沢すぎると思われるかもしれない。一九七八年（昭和五十三年）当時で一足三千円以上ですから、破格の値段だったと思いますよ。婦人、紳士靴なら三千円というのはあったと思います。ところがベビーシューズですからね。だいたい普通では五百円ぐらいだったかな。だから売り場がないわけ。五百円とかで売ってるところに三千円のが出たら、「何だ、これ」となる。「ゼロがひとつ間違っているんじゃないか」と。

それが、今やベビーシューズは白万足以上売れる人気商品になりました。やっぱり消費者は、いい物はよくわかるんですよね。

値が高くなっても本当にいい物をつくる会社があってもいい

今、子ども靴の製造はほとんどが中国でしょう。ミキハウスでも中国でつくる靴はありますが、特にベビーシューズは、月星さんの中でも日本でベテランの職人さんが作ってくれています。

先日、ミキハウスの社員研修として月星化成の久留米工場見学を実施しました。ふだんは各店舗で販売をしている社員たちが感動したといいます。

「今までは簡単に『ミキハウスの靴は品質がいいんです』と言っていましたが、この見学を通して心から納得しました。一足五千三百円。安いじゃないか！　と思いました」

そう感想を寄せてきました。

ミキハウスの靴は、一足を作るのに、何十人もの職人さんがそれぞれの担当部門で細かい作業に集中して作られています。お客様はおそらく自動化された工場で次々に機械が作っていると思われるでしょうが、そうではないんです。たとえば靴底ひとつとっても、十人以上の職人さんの手作業で何工程も行っているものなんです。

もちろん品質チェックも大変厳しいです。生地、ゴム底の摩擦度、色移り度、防水、地面との滑り具合、湿気・気温による変化、着地の衝撃度などを繰り返し検査します。そして当然ながら最も子どもの足によいデザインが、最新の機器を活用して研究し尽くされています。ミキハウスではそのように精一杯の努力をしてお届けしています。そして、ミキハウスにはクレームという言葉はありません。何故なら、お客様の声はすべてアドバイスとしてお聞きすることが大切だと考えているからです。

僕はいいものをつくりたい。値が高くなってもほんとうにいい物をつくる会社があってもいいわけじゃないですか。

大切なことを商品を通じて語りかけることこそ、企業がやるべきこと

消費者はいいものはやっぱりわかるんですよ。今の時代は低価格志向だからと決めつけ

てしまったら、どんどん低価格低品質の商品ばかりが巷にあふれてしまいます。

僕たちは、やっぱり子ども用品っていうのは「安全」とか「安心」に最も価値があると考えています。靴ならば、本当に足にぴたっと合った方がどんなにいいかわかりません。子どもはまだ骨が柔らかいですから、子どもの成長を考えると、靴一足といえどなおざりにはできません。

それを考えたら、街で買った千円の靴とミキハウスの五千三百円、この差は高いかというと、長い目で見たら安くつくと思うんです。

だから、おもちゃだとか物をいっぱい与えるよりも、いい靴を履かせるとか、肌にいいものを着せるとか、そういった方が僕は大事だと思いますよ。

メーカーはよく「消費者の立場に立ったものづくり」と言います。ならば、目先の流行を消費者のニーズというばかりではなく、長い目で見て本当に大切なことを商品を通じて語りかけることこそ、企業がやるべきことではないでしょうか。

一貫した姿勢を示していれば、お客様は必ず理解してくれます。それが売上げという結果になっていきます。ですから、目先の売上げとか利益に走らずに、いいものをつくり、売り続けることは、企業の使命と言えると思いますね。

第六章　ミキハウスのさまざまな顔

―教育問題とスポーツ支援―

「きのくに子どもの村学園」を支援

近年、子どもを取りまく環境の問題が、いっそう深刻になっているように思われてなりません。とくに教育問題が気になります。日本の教育は、未来を担う子ども達に夢を実現する力を育んでいくことができるのでしょうか。人間、着るものがいくら立派でも、中身が伴わなければ空しいのは言うまでもありません。ミキハウスの本筋は「子ども文化を創造する」ことです。本当の意味で人間性を育てる教育とはなにか、われわれも真剣に考えざるを得ません。それが、和歌山県橋本市の山間にある自由教育の「きのくに子どもの村学園」支援につながっているのです。

一九九〇年（平成二年）のある日、大阪市立大学教育学教授であった堀真一郎さんが会社に来られまして、熱く理想の教育とその学校について語られました。堀さんは、英国のニイル（A.S.Neill　１８８３-１９７３）が提唱した徹底した自由の中で自主性を育てる教育論に共鳴し、それを実践する学校建設を進めておられたんです。私自身も、教育問題がものすごく気になっていました。また自分が歩んできた道からいろいろ考えて、彼の考えていることは正しいなと共感できたんです。堀先生の情熱にうたれて、「協力させていただきます！」。支援を即決しました。

そして、ミキハウスでは資金だけではなく、人材の支援もしました。ファッションアドバイザーをやっている社員の中には教員免許を持っている社員もいますからね。それが、考えてみたら「きのくに子どもの村学園」にちょうどぴったりな人がいるんですよ、ミキハウスには。本当に子どもが好きで、日本の教育制度の中での教育に疑問を感じていて、熱い心を持った者たちです。そんな社員を出向という形で派遣しましたが、今では学園の正式な一員として頑張っています。

「きのくに子どもの村学園」では、全校の子どものうち四分の三が学校の寮で共同生活をしています。先生と生徒の区別もないし、みんな何を学びたいかを自分で決める。自発性を尊重し、体験学習を重視した教育です。

「きのくに子どもの村学園」には、子どもの「自己決定」と「個性」、「体験学習」という三つのキーワードがあるんです。大人（先生とは呼ばない）と子どもの一票は同じ重さです。「ミーティング」という週一回の全校集会などや、折にふれて開かれる集会で票を投じるときも、すべて、一人ひとりがどう思っているかが問われる体験を小学校からすることで、「自己決定＝自分で考える」が生む、責任ある思考・行動ができるようになって精神的に自立していきます。

また、たとえば小学校では、年齢に関係ない完全縦割り学級で、木工やガーデニングの『工務店』、四頭のひつじの世話の『ひつじハウス』、畑や田んぼの『ファーム』など、「プロジェクト」と呼ぶ四つのクラスから、関心のあるものに所属します。子どもの関心に、学年は関係ありませんからね。週二十九時間の授業のうち、十四時間がプロジェクトでの「体験学習」です。この中で、社会科のような調べものもするし、分数の考え方を学ぶこともあります。六学年一緒のクラス構成だと、学習の進み具合など、公立の学校と同じようにはいかないという心配も聞かれないこともないですが、もちろん、小学校六年間学べば、文部科学省の定める小学校で学ぶべきカリキュラムをほとんど習得できるようになっています。そして、中学校での英検合格率は、関西でトップクラスだそうです。

その後の進路に関しても、幼いときから自分の興味をより深めながら、楽しく学ぶ姿勢が自然に身についていくことで、たとえば『工務店』と『ファーム』を学び卒業後、地元の高校で造園科に進み、東京農業大学に入学するなど、小・中での活動が進路に結びつく子どもも多くいます。また、海外へ留学した子どもも複数いるそうですが、中学校時代から「ユニセフ」や「ユネスコ」に興味を持っていたある子どもは、ニューヨーク州立大学に進学し、経済学とフランス語を学び、現在、大学院に進学中です。

このような自由な学校で、ほんとうの創造力が育っていくような気がします。

でも、わたしは学校の方針にはいっさい口出しをせず、あくまで第三者の立場です。最初、理事長をしてくれと言われたけど、お断りしました。「私は堀先生の夢と理念に純粋に感動したので、支援させていただきます。別に何の目的もありません。もし私が役員になればよけいな詮索をされるかもしれません。それではつまらないではないですか」と。ですから、そういう表に出るようなことはいっさいありません。

それはいろんな取材依頼がありました。テレビ局とかね。みんな断りました。こういういい教育に会社が出て行ったらややこしいじゃないですか。会社の名前はいっさい出しません。全部断りました。やっぱりああいうユニークな学校ですから、へたにカラーがつくと絶対やりにくくなると思うんです。これは心底、子どもにいい教育をするために僕らは支援しているんだから、ブランド名も企業名も何も要らないんです。いい子どもが育ってくれたら、それで僕らの仕事は終わるんですから。

自主性を育むことが大切

それにしてもこの「きのくに子どもの村学園」は大きな広がりとなっています。最初は小学校だけだったのが、中学校ができて、高専ができて。福井にもできて、もう大変です。今度はイギリスで買った学校を修理しなければならない。修理しないと、学校としては使わせないと言うんです。古い建物ですから、石造りで窓も重いんです。ガタンと落ちて首でも挟まったら危ない。みんなやり換えて安全に勉強できるようにするには、またお金がかかります。でも、日本人もああいうところに行って伸び伸びと教育を受けられたらいいのになあと思います。理想を少しずつ現実にしていっているわけです。

今の教育をよくしたい。せめていい教育をやっている学校を育てていきたい。一歩ずつゆっくりとした歩みであっても、かならず何かが変わります。

「きのくに子どもの村学園」は本当に山の中です。ここにいたら本当に人間として真っすぐに育ちます。そもそも日本の教育で間違っていると思うのは、習っている子たちが何のために勉強をしているのかがわからないことだと思うんです。ただの詰め込み教育で、突きつめれば「いい高校へ、いい大学へ行けたらいいんだ」というようなことしかない。勉強する意味がぼんやりとしていて、ただの出世主義。そんなイメージですよね。ですから、創造性を育てるという点で弱い子ができると思うんです。それは僕らが現役の学生のときもそうだった。結局、先生の言うことに従順で飲み込みのいい、要領のいい子が「勉強ができる」ということになってしまう。その結果、勉強のできた子ができる社会人になるとは限りませんものね。ということは、なにか大事なところが欠けているからなんでしょうね。

クリエイティブ。創造力は大事です。日本の今の教育では創造力というのは育たないと思います。創意工夫をして、自分の勉強したことを身につけさせていく。それには子どもの力を信じて、自主性を育むことが大切なんです。

母親と子どもだけの環境で幼児教育ができるか

「きのくに子どもの村学園」の子ども達を見ていて気づいたことがあります。それは、子どもの問題の原因は親や大人にある場合が多いということです。もちろん、「きのくに」に不登校の子がいるというわけではありませんが、不登校の子の親というのは、高学歴の方が多いように思うんです。だから、親は子どもに期待し過ぎるのではないでしょうか。一流大学を出ているお母さんとかは、子どもにものすごい重圧をかけていることがあるんじゃないでしょうか。「子どもは健康だったらいい」くらいに思っていないといけないのに。子どもは押しつけられるのは嫌でしょ。だから不登校になってしまう子がいるんじゃないかと思います。

一方、お母さんたちもものすごく不安な中で子育てをしているのでしょう。これだけ核家族化していますから、孤独な子育てになってしまいがちです。例えば僕のところでも娘と息子がおりまして、娘が結婚して子どもができた。旦那は商社マン。今は毎日子どもと二人の生活なんです。母子二人の生活で、いつでもお母さんが見ていますよね。それで、子どもが「あっ」と言えばすぐお母さんは反応してくれる。だからものすごく愛情が注がれているようですが、ひとりからしか影響を受けない。すごく偏ると思うんです。これではバランスのとれた教育なんかできないでしょうね。ものすごく問題があると思いますね。

それと、よそはわかりませんけれど、娘のところは夫が商社マンですから、帰ってくるのはだいたい十二時過ぎです。それで、朝の七時にはもう出て行くわけですから、父親が家にいる時間帯は子どもがずっと寝ている間です。土日も仕事でパソコンをずっとやっている。それに海外出張も多いので、できるだけ娘と孫を実家に呼ぶようにしています。

大家族ならば、いろんな角度から情報が入るわけですよね。だから比較的角が取れて丸くなるんじゃないかと思うけれど、それがなくなったらどうでしょう。うちの子どもだけじゃなくて、ヤングファミリーは大体ああいうライフスタイルなんでしょうからね。基本的にマンションなんて隣の人が誰かわからないぐらいでしょ。そのくらい現代社会は隔絶しています。ですから、そんな母親と子どもだけの環境で、子どもにとって大切な幼児教育ができるかというと、これはちょっと難しいと思いますね。

娘がよく実家へ帰って来ますから孫とお風呂へ入ります。小さくてまだわからないと思いますけど、孫にいろんなことを言って聞かせたり、本を読んでみたりしています。そんなことがあんがい大事なことかもしれないと思って……。

でも、今の環境を見ていたら、教育というのはたいへんなことですね。現在がこんな状況なわけですから、そのまた先の子どもたちはどうなるんでしょうね。

子どもを取り巻く環境を真剣に考えると、家族の問題に行き着きます。そしてその背景には現代社会の構造があります。これは非常に難しい問題です。

家族で安心して見られるテレビ番組を

今の子ども達は、かなり小さいうちからマスコミの影響を受けていると思います。テレビでも、変な番組にはスポンサーが提供しなければいいのにと思うときがあります。何か変な番組が多いと思うけれど、そんな番組が続くのもスポンサーがつくからですよね。

ミキハウスは、朝日放送で七年間、ゴールデンタイムの番組を提供していました。『地球大好き大冒険』。教育テレビがやるような番組だったんです。世界中の子ども達が学校へ行く様子とか、彼らを取り巻く自然といったものを紹介する番組でした。でも、本当に視聴率は悪かったですね。五パーセントくらいでした。だから、「やめたい」「やめたい」と、いつもテレビ局に言われていました。

「こういうNHKの教育番組がやるような内容のものをつくるのは、局としてもいいことでしょう?」

そういう話をして、七年間やりあいましたが、とうとう切られてしまった。局はやはり視聴率です。それで、次はスポンサーを降りました。いい番組でしたから、放送が終了してからずいぶん怒られました。番組のファンの方からいっぱい手紙がきましたね。「楽しみにしていたのに、どうして終わってしまったんですか」と。日曜日の午後七時からの放送でしたから、だいたいどこのご家庭でも晩御飯の時間なんですよね。親子で見られる最高の番組だったんです。

やっぱりミキハウスが提供するからには、家族で安心して見られる番組、また語り合える番組をという思いがありましたからね。ただ面白おかしいではなくて、テレビを通じた家族の団欒が大事じゃないかと思うんです。

僕たちは続けたかった。「子ども達にいいものを届けたい」というミキハウスの仕事の一環だったんです。

どんな子どもも大きな可能性を秘めている

一九九八年（平成十年）から、幼児教室「ミキハウス・キッズパル」を百貨店において展開しています。三起商行と小学館プロダクションが共同出資して設立しました。二〇〇四年（平成十六年）六月現在で、教室数は四十二校、生徒数はおよそ五〇〇〇人となっています。

「ミキハウス・キッズパル」はオリジナルのカリキュラムで情操教育を行うのが目的です。どんな子どもも大きな可能性を秘めています。幼児期に良い影響を与えることが、大きな意味を持ちます。

教室は年齢別に五つにクラス分けされ、子どもの発達段階にあわせた楽しいプログラムで、知的刺激を与え、考える力を育てます。カリキュラムの特徴は、一人ひとりの個性を伸ばすこと、集団生活を経験して社会性を身に付けること、小さな国際人を育てること、などがあります。

もうひとつ「ミキハウス・キッズパル」の目的には子育て支援もあります。「キッズパル」では一歳児から預かっているんです。決して過剰な早期教育を進めているわけではありませんが、今の時代は子どもを勝手に遊ばせておけばいいという環境ではありません。だからといって、いつも母親と一緒では過保護になりがちです。育児がとても難しくなっているのです。安心して子どもを遊ばせ、その間母親は買い物を済ませられるという利便性は大変好評です。今はお母さん方もインターネット世代ですから、ホームページで教室の様子を無料で見ることができるサービスも開始しています。

最初はなかなか親離れしないですから母親と一緒に。でも、「キッズパル」に参加するようになって、同じ環境の中で、同じ年齢の子がいる母親同士が情報交換できます。うちの子はああだ、こうだということで、あれこれ話すことが非常にプラスになります。こうした機会がないと母親たちは孤立してしまいます。コミュニケーションの場がない人は大変でしょうね。

もうひとつ子育て支援として、「ゴーゴー育児ドットコム」というサイトを運営しています。こちらは子育てや子どもの医療についての知識を得ることができます。会員になると個別の質問をすることもできます。子どもを育てながらの様々な不安、悩みに答えるインターネット上の知恵袋といえるでしょう。会員登録数は約二万人。アクセス数は年間で一〇〇万件にのぼります。それだけ子育てが大変な時代になっているんですね。

ミキハウスは、そんな母親たちの生の声を商品づくりに生かしていかなければなりません。それが本当の意味でお客様とのリレーションシップを築くことではないでしょうか。

両親がいつも精一杯生きていたら、体のエネルギーで伝わる

私自身の子育てといえば、放ったらかしでしたよ。子ども達は小さいときから保育園に

預けていましたから、親の手はかかっていません。朝、保育園に行って子ども二人を預けて、夫婦二人で出社して仕事をして、夜に引き取りに行って。昔は日曜日だけしか休みはなかったですから、それ以外はずっと預けていましたね。晩御飯ぐらいは一緒でも、すぐ風呂に入って子どもは寝てしまいますし、僕は出張が多いし。

結果、親はやっぱり後ろ姿で物を言っているんでしょうね。夫婦二人で一生懸命働いていますから、息子も娘も本当に真っすぐ育ってくれました。親は何もしてやらないのに勝手に大学を出て普通にしていますから。あまり親がかまわない方がいいのかもしれませんね。子どもに手をかけないとぐれるとか、そういうふうに考える向きもあるかもしれませんが、一概にそうとは言えないと思いますよ。

両親が力強く、夢を見てそちらに向かって進んでいたら、子どもにもその思いが伝わるでしょう。両親がふらふらしていたら子どももふらふらすると思います。両親がいつも精一杯生きていたら、体のエネルギーでわかるんだと思います。

女房と出張に行くときは、女房の実家に子どもを預けに行きました。二人を一週間とか預けておいて、おじいちゃんおばあちゃんは僕らがいない間かわいがってくれていました。よくわかりますよ、今。僕は、孫を預けられたらとてもうれしい。日曜日なんか僕に預けるわけですよ。それで、女房と娘は買い物に行ったりするでしょ。邪魔がいないと思うと、とてもうれしい。本を出してきて孫に読んであげたりして……。かわいいです。「そうか、僕らが預けていた時、じいちゃんばあちゃんにいいことをしていたんだな」と思ったりします。でも、当時は悪いなと思っていました。子どもらを連れて行って、「すみません、一週間お願いします」と頭を下げました。向こうは「いいよ、いいよ」と言っていたけれどね。女房の両親は働いていませんでしたから。今になって逆の立場になったら、孫と一緒にいられることがすごくうれしい。

子ども達は親にかまわれなくて、かえってたくましく育ったのかもしれません。娘なんか大学に入学したらゴルフ部に入って、勉強しないでゴルフばっかりやっていました。それでいいと思うんですよ。何かに熱中するというのは人間には大事です。

娘を怒ったという記憶はないですね。息子は何回かあったかな……。子どもらはどう考えているんだろうね。今でも毎朝息子とお風呂は一緒なんですよ。孫がいたら孫と男同士三人でお風呂。背中を流してくれるわけじゃないけれど。大体七時ぐらいに入るので時間が一緒なんです。

朝ひとりで風呂に入ってたら、今日は息子は出張に行っているんだなというようなものです。向こうもそうでしょうね。

仕事の話は家では一切しませんね。いま、息子は同じ会社にいますけれど、話があるときは勤務時間内に「今日何時ごろ空いていますか?」とアポを取ります。「今日は来客ばっかりだけど、ここだと三十分空いてる」、「じゃ、取っておいて」と。家では仕事の話をしないと決めているみたいです。

息子になにか教えておこうとか、こういうことを言っておこうというようなことは特別ありません。それより、本はこれを読んでおきなさいとか、そういう方が多いですね。あまりしゃべるのではなく、大事なことだけしか言いませんね。

親だといくらいいことを言ってくれていても、しょっちゅう聞かされていると、「またかよ」と聞き流してしまいますよね。男親というものはあまりしゃべらないものです。親は大局を見て、大事なところをおさえることが大切です。親子づき合いっていうのはやっぱりそうでしょうね。そういうことが最近の親はできないから、ややこしくなるんだと思いますよ。そんな風に感じます。

社員チームを強くしようという素朴な思いから

今でこそミキハウスはオリンピックやアジア大会のメダリストを続々と輩出するようになり、スポーツ支援でも注目されるようになりました。でもその最初の一歩は実にささやかなものだったのです。

最初は社員、特に女性陣が朝早く起きてソフトボールの練習をしてたんですよ。社員数もそんなにいないころです。パートの女性もいました。とにかく、ミキハウスに集まって仕事をしている人たちがソフトボール部をつくって、八尾の市民大会に出ようと意気込んでいたんです。

それで、全員にユニフォームをつくったんです。女房もそのなかに入っていました。彼女はソフトボールなんかしたこともないのに、人数が足らないから。それで市民大会に出ましてね、ところが相手の攻撃が続いて一回が終わらないんですよ。最初はボコボコにやられっ放しだったんです。こっちが下手過ぎました。

「これではいけない!」と思いました。それでチーム強化のために経験者を入れようと思って調べたら、奈良とか大阪とかソフトボールの強いチームがあるわけですよ。それで、国体経験者だとか、国体で優勝した人とか、そういう人ばかりを引っ張ってうちのチームに入れたんです。そうしたら、今度は逆に何年かしたら強くなり過ぎて、市民大会では敵がいなくなってもう大顰蹙。毎年三、四人ずつ巧いのを入れたら、そりゃあ強くなりますよね。それで実業団に入っていったわけです。

本当に最初は、社員の皆さんが頑張っているから強くしよう、という素朴な思いから始まったんですよ。それがだんだん強くなって、もう実業団に行くしかないとなった。

当初はずっと空き地で練習していましたよ。実業団入りしてからは八尾市の運動場を借りるんですけど、抽選ですから一日二時間ぐらいしか貸してもらえないわけです。でも、たった二時間しか借りられないからものすごく練習するんです。練習がどんなにハードでも、二時間たったら終わるわけです。次のチームが入って来ますから。だからものすごく中身が濃いわけ。

その後、奈良にナイター施設付きで雨が降ってもできる室内練習場をつくりました。こんなにやるんだったら用意しなければいけない、と。そうしたら、急に弱くなりました。ほんとうですよ。夜間練習場には、費用だってすごくかかってるのに。

そのオープンのときに、みんなのために環境を整備したという話をしたら、ある選手がそっと来て「社長、こんな立派な設備もいいですけれど、雨の日ぐらい休みたかった」と、こう言ったんです。やっぱり選手だって疲れたら、雨も楽しみになるんですね。雨が降ったら今日は練習がないというのがね。室内練習場とかナイター設備を付けたら何時までもできます。終わりがない。監督やコーチにしたら、こんな設備をつくってもらったら絶対に勝たなければと思うから、練習をすごくさせますよ。これがいけない。やる方にしては、「させられている」という意識になってくるのね。そうなると息を抜きますよ、大変ですから。雨が降っても室内練習場がある。ずっとやらされる、と。すると、監督がちょっと向こうを向いている間に、手抜きしてみようかなとか、絶対したくなりますよ。

昔はグラウンドを二時間しか借りられないから、自分らは練習したいんですよ。二時間ぐらいじゃ足りない。それでも、例えば三時からだったら五時に終わらなければならない。それなら、どうしたら効果的に練習できるかっていうことで、みんな必死だったんですよね。

だから、何も環境を整えたら強くなるわけではないんですよ。スポーツでもいろいろな勉強になりました。人間とは何か、集団とは何かと考えざるを得ない。

やはりすごいレベルの人っていうのは、どういった環境でも自分のペースでやるわけです。それはひょっとしたらDNAかもわかりませんね。だから、そのチームよりもっとレベルの高い精神状態の者が入ってくると、モチベーションの違いがそこで出てきてしまう。集団がそのままではとどまれない。例えば卓球の愛ちゃんみたいにコーチとかが止めなきゃならないくらい練習する子、そういうのにどんどん変わっていくわけですね。するともっともっとモチベーションの高い、今と違う人たちの集団になってくるわけですね。そうすると、チーム全体がまたひと皮めくれて強くなるわけです。

初めての野球体験

私自身が初めて野球をしたのは二十六歳の時です。子どもの頃はハンディキャップのためにできませんでした。でも、野球は大好きだったんです。大阪ですから阪神は熱狂的な人気がありますし、私の時代に男の子があこがれるスポーツはなんと言っても野球でした。赤バット青バット、長島、王とスター選手が活躍し、日本野球の黄金時代だったでしょうね。私は阪神の吉田選手のファンでした。

中学時代、必死のリハビリの甲斐あって歩いたり走ったりはできるようになったのですが、野球をやる機会はありませんでした。バッターボックスに一度でいいから立ってみたい。チームプレーがしてみたい。これが心の奥深くにしまった夢でした。

二十六歳のある日、友人から電話がかかってきて「人数がひとり足りないんだ。ぜひ来てよ」と誘われました。「野球なんかしたことないよ」「いいから、いいから」。本当にキャッチボールぐらいしかしたことがないのに、友人に押し切られる形で球場に出かけていきました。そしてなんと二十四センチの足に二十七センチの借り物のスパイクを履いてブカブカのままでライトの九番になりました。それでも周りの景色を見て感慨深かったです。グラウンドの方から見ると、なんと広々としているのでしょう。観客席から見るのとはまったく違う光景です。

初めてのバッターボックス。ボールがまったく見えない。バットを振ることすらできなかった。でも、たまたまフォアボールで塁に出た。守備でも、ライトフライがこれもたまたまグラブに入った。無我夢中です。

それでも嬉しかった。二十六歳にして、子どもの頃から秘めていた自分の願望が叶った。一生ないと思っていたのに、バッターボックスに立つことが出来たのです。

「これっきりだろう」。自分ではそう思っていました。夢が叶ったんだから、これで充分だ、と自分に言い聞かせるように。けれど試合が終わってからの飲み会で、私が「初めての野球だ」というと、みんなが口々に言うのです。「嘘でしょう」「信じられない」と。「初めてであれだけできたら上等だよ」「木村先輩、選球眼いいですね」「できる、できる」。思いがけず、みんなに褒められてしまいました。

バットがかすりもしなかったし、たいした守備も出来なかった。二度と声をかけてはもらえないだろうと思っていたのです。ところが帰るときには「次も必ず来てくださいよ」とみんなから口々に言われました。「調子いい奴らだなあ」。内心そう思いながらも、やっぱり嬉しかった。

次は自分でスパイクを買っていきました。その次にはグローブを買っていきました。そうして野球の奥深さに魅了されていったんです。もしも初めての時に、みんなに本当のことを言われたら二度と野球をやっていないでしょう。みんな人数が足りないから、お世辞を言ってくれたんです。「人間は褒めなくてはだめ」ということです。褒められれば嬉しいのが人間の本能で、それが次の行動の原動力になるのです。それは大人も子どもも同じです。あのときみんながおだててくれたおかげで、野球の魅力を知り、続けることになったのです。今は全国ロータリークラブ野球大会に監督兼選手として出場し、全国大会で二年連続優勝しています。

二十六歳での初めての野球体験。そのときにスポーツの楽しさを身をもって知りました。仲間たちと一緒にひとつのことをすることの素晴らしさを体感しました。この個人的な体験が、ミキハウスのスポーツ支援の原点かもしれませんね。

子どもたちに夢を与えることが、ミキハウスの大切なライフワーク

ミキハウスのスポーツ支援はアスリート養成だけではありません。幅広くスポーツ全体の裾野を広げる活動も支援しています。そのひとつが「ジュニアヨット国際親善レガッタ・ミキハウスカップ」です。

私自身、観戦に行って実感しました。ヨットは子どもを自立させる格好のスポーツです。自然の中で闘うことは、子どもをたくましくします。ヨットはだれも助けてくれません。全部ひとりでやらなければいけない。ヨットの上からは、波だってずいぶんと大きく感じるはずです。

小さな船体ですが、それでもものすごいスピードが出るんですね。まだ小さな子どもが、

帆の操縦もして、あっちへやったりこっちへやったり。みんな上手ですよ。帆が体に当たったら海に落ちてしまいます。

そして、ヨットは頭を使うスポーツですね。風を見ながらジグザグに四十五度、四十五度で前へ進んでいくわけです。どっちへ回るか選手はその天候を見て自分で判断して、今日はこっちから行くとか、あっちから行こうとか考えながらヨットを走らせるんですね。常に状況判断をして、それに敏速に反応していくわけです。本当に上手で感心しました。

ヨットをやっている子は自信がつくでしょうね。自分の判断でコースも決めるし、風も読まなきゃいけない。それは人生そのものです。親御さんたちも一生懸命応援しています。ヨットを海に出すまで、親御さんが車に乗せて人力で引いていくんです。子どもの方も、親の気持ちがわかるものなんですよ。自分ひとりではできないからね。

厳しい競技ですが、子どもが戦いたいと言えば、親も一生懸命手伝いたいでしょう。親子の絆が強まるのではないでしょうか。だから、こういう子たちにはいい親子関係ができるでしょうね。この大会で勝つために休みごとに練習してるんでしょうからね。

それにしてもヨットから観戦している私は船酔いです。疲れました。でも感慨深かったですね。子どもたちもよく成長しました。第一回目からミキハウスはスポンサーをしています。最初に国際大会がありまして、外国からも子どもたちが大勢来たんですね。その後も、引き続いて支援しているんです。

でも、この第一回大会の時には参加選手である子どもたちが未熟で、ブイとブイの間のスタート地点にすらなかなか集まらない。それほど下手だったんです。それが、子どもたちの成長ぶりは見違えるほどです。すばらしかった。競技人口も増えて、レベルがものすごく上がりました。

世の中には、まだあまり知られていない競技がいっぱいあります。しかしサポートがあれば大会を運営できる。すると子どもたちはこの大会に向けて練習をするという目標ができる。機会が与えられることで、才能を伸ばす子どもがいっぱいいるんです。

野球と同じです。野球少年たちには甲子園に行きたいという夢がある。だから一生懸命練習する。もしも甲子園で全国選抜高校野球大会がなかったら、日本の野球はここまで成長しているでしょうか。全国大会があることで、これに出たい、勝ちたいと燃えます。「少しでもいい成績を残したい、来年こそもっと上へ行きたい」と。そうやって目標を定めることが努力の機動力になります。

「ミキハウスカップ」も、この大会が開催されることで、子どもたちに夢と目標を与えているわけです。それも単発で支援するのではなくて、継続することで選手たちの顔ぶれは変わっても競技レベルが向上していくのです。

ちなみに、二〇〇三年に入社し、須長由季選手とともに頑張っているヨットの近藤愛選手は、子どもの時にこの大会に出場して優勝しています。ピアニストになるかヨットを取るかで、ヨットを取った。だから芸大に行かずに日大に行ったんです。彼女はピアノの腕もすごいですよ。パーティのときに弾きましたが、すごく巧い。「ミキハウスカップ」の観戦に行って、もうひとつ嬉しかったのは、ずっと尽力しておられるボランティアの方々に再会できたことです。観戦に行ったのは、第一回から十三年ぶりでした。ボランティアの方々も、みな手弁当で集っておられます。「第一回の世界大会の時には、支援していただいて」と大昔のことを言っておられましたが、今日の成長ぶりはお互いに感慨深いものがありました。支援を続けてきて良かった。そう実感できました。

柔道教室で教えたいこと

ミキハウスではボランティアとして柔道教室も行っています。二五〇人くらいの子どもが習いに来ています。今の子どもたちは自然のなかで遊べないんですよね。ちょっと外へ出たら車がいっぱい走っていて危ない。思い切り体を使って遊ぶことが少なくなっていま す。

また家庭の中でも、ほとんどお母さんと二人っきり。核家族化していますし、生産性が上がれば大人は労働時間が前より短くなっているはずなのに、そうはならない。父親は子どもの相手ができないほど忙しい。私たち世代の場合は、家へ帰ったらのんびりしてました。親父なんかも書斎に入ったりはしていたけれど、こんなせちがらいことはなかったと思いますね。情報量が多すぎるからかな。のんびりしていたら何か出遅れるイメージですからね、今は。だから父親不在になりがちで、礼儀や精神を教えることが難しくなっています。

そんな社会背景もあって、柔道教室への期待は高まっているように感じます。

本当の意味で子どもが育つということは、知育教育ばかりではありません。子どもの発達には運動もまた大切なんです。柔道で目一杯汗を流すことで、目覚ましく成長した子どもは大勢います。

柔道教室に、何事にも自信がもてない子が習いに来ていたんです。最初はやっぱりその子は柔道が弱くてね、とにかくうまくいかないんです。それがだんだんだんだんだん上手になり、同時に自信をつけていって強くなってきたんです。

僕のところは強くするために教えているのではありません。礼儀作法とか心が大事だということを教えたくてやっているんです。その子は上達するにしたがい、同級生を負かすようになった。そうしたらすべてに自信を持ってきた。自分もやればできるんだということがわかってきたんですね。明らかに変わっていきました。

すると、ご両親も柔道を習い出したんです。子どもに教えたいからって、自分らが教える側にまわりたいと。子どもに正式に教えられるのは有段者です。それで、お父さんの方は有段者になって教える側になった。お母さんも柔道をしたことがないのに習い始めた。そうやって家族全員が変わっていきました。

会社というのは、業務以外に何かひとつしないといけません。日本にこれだけたくさん会社があるんだから、各社で何かひとつボランティアをやったらいいと思うんです。すぐにでもできることはたくさんあるのではないでしょうか。どんな会社でも、大小にかかわらずなにかひとつボランティアをやる。一村一品運動みたいに一社一ボランティア運動みたいなことが広がらないものかと思います。

マイナーなスポーツには、企業はなかなかお金を出しません。本来は国が支援すべきですが、一切関与しない。おかしいですよね。子どもを育てようと思ったら、勉強だけではなく、スポーツすることも人間としての勉強になることがあります。子どもたちは将来社会人となり、またその次の世代の子どもたちを育てる親になっていくわけですから、その影響は実に大きいはずです。長期的な視野に立った次世代の育成が、今こそ求められているのではないでしょうか。

「ミキハウスカップ」の場合は、大会名にミキハウスを掲げていますが、あえてそうはしていないスポーツ支援はたくさんあります。たとえば、車椅子バスケットなんかもそうです。それでも、子どもたちに夢を与えることがミキハウスの大切なライフワークなのです。

子どもたちが一生懸命に夢に向かっている姿。感動しますよ。

第七章　夢に向かって——これからのミキハウス——

三百坪以上のショップ出店へ

現代はさまざまな面で大きな変動の時代にあります。子ども服業界も同じです。昔、地方都市を歩くと、ひとつの商店街に十軒くらい子ども服専門店があったのが、今は一軒もありません。全部つぶれてしまった。ショッピングセンターで少しだけ生き残っている程度です。まったくの様変わりです。

しかし、私は必ずしも悲観してはいません。やり方はいくらでもあって、かえって面白いと思っているんです。ミキハウスのショップは、子ども服専門店をはじめ直営店の路面店や百貨店のテナントという形でやってきましたけれど、今後は大型店を出店する予定があります。二〇〇三年（平成十五年）から一年間でまず五店舗ずつ、だいたい三百坪ぐらいのショップを出していきます。

三百坪といえば、かなりなスペースです。赤ちゃん用品の製品がすべてそろっているお店、しかも高級品ですね。「ここにないなら、どこにいってもないだろう」とあきらめるぐらいの完璧な品ぞろえをしたいと思っています。毎年五店舗ずつ出していこうと思っています。これは日本製品だけではなくて、ヨーロッパのものでもいいものは全部仕入れてきますから、ちょっと面白いと思いますよ。高級志向の赤ちゃん用品がそろっていれば、消費者にとっても夢があるでしょう。

そして、この五店舗はショッピングセンターの中に大きく店構えをします。それとロードサイドで産婦人科と小児科とをつくりたいと思っています。産婦人科もゴージャスな産婦人科にします。少子化でそんなにたくさん子どもを産みませんから、お母さんたちが「あんなきれいなところで産みたい」というような産婦人科をつくりたいんですよ。

その向かいにベビーショップを構えて、赤ちゃん用品は全部そろう。そういうのをつくろうと思っています。お母さんにしたって、車で行きやすいロードサイドに安心して入院できる病院があって、赤ちゃんのものが向かいのショップに全部そろっていますから、とても利便性が高いでしょう。同じ敷地内の駐車場は共同使用という計画を立てているんです。

子どもを取り巻く環境は、大きく変わってきています。まず出産からして、昔とはニーズが違いますね。昔は産婆さんとか近所の産婦人科に行ったものです。あるいは大学病院に行くぐらいの発想しかなかったと思いますね。

でも、今は違います。産んだって一人かふたりでしょ。いくら出産費用がかかるといっても、そんなに高くはなりません。二万円、三万円高くても、きれいな病院に入れるならば、それはそっちの方を選ぶでしょうね。

うちの娘でもそうですよ。出産することになって、一生懸命パソコンで何をしてるのかなと思ったら、インターネットで産婦人科病院を探している。「お父さん、きれいだからここがいい」と言うから何回見に行ったことか。「僕の友達がやっている産婦人科があるからそこに行けばいい。安心だから」と言うんだけど、「あのおじちゃんのところは古いからイヤ」と言って、全然違うところに行きました。ですから、いくら上手だとか何とか言っても今の若い人はだめなんですね。やっぱりゴージャスな雰囲気も必要なのかなと思います。

実際に行ってみるとほんとうにきれいなところでした。お城みたいなね。でもうちから遠いから、行くのに大変。夜中の三時ごろに「おなか痛い、おなか痛い」と言う娘を車に乗せて、「そんな遠いところにするから」と言いながら何回も行きましたよ。「まだまだ下がってきていませんから、まだ産まれません。もう一日か二日、家で待っていてください」と言われると、また帰って。

とにかくロードサイドにきれいな病院とショップをつくりたいんです。そして病院に定期検診や何かで通ってる間にお店の方も見たりして、お母さんも勉強したらいいんです。いくつのときにはこれが要る、いくつのときにはこれが要るというのもね。出産に際してはなにかと物入りです。若い両親にとってはそろえるのが大変ですが、少しずつそろえたらいいんです。

それと、医師や医療従事者にも、そんな病院にやりがいを持ってくれる人がいるはずだと思います。

こんな不景気なときでも、若い人はインターネットで見て、「いい」と思ったら来てくれると思うんですよ。やっぱり新しい時代になってきているわけです。

時代の流れの変化をとらえるマーケティング

身近にいる娘の行動を見ているだけでも、「やっぱりそうか、今のニーズはこうなんだ」と参考になります。情報収集は特別なことをしなくても、自分の周りをよく観察することで多くのヒントになるんです。

そういえば娘に言っておきました。「白血病とかになるといけないので、臍帯血だけはちゃんとキープしときなさい」と。へその緒ね。その病院では初めてだと言われました。臍帯血を保存する機関に連絡しておくと、取りに来てくれるんですね。今は臍帯血移植による医療が進んでいます。白血病や血液疾患になっても、保存しておいた臍帯血を治療に利用できるわけですからね。これから臍帯血で癌でも何でも治るようになると期待されてますものね。研究が進んでいますからね。

僕がこんなことを知ったのも何でも気に留めているからだけでね、特別な勉強でも何でもないです。でもこういったことから、今の医療がずいぶんと進歩していることを知り、そういった進んだ医療を選択できるような病院をつくりたい、そんなふうに広がっていくんですね。

時代の流れの変化を見逃さず、しっかりととらえることがマーケティングの目的であるはずです。社会が求めていることを実際に形にできること。それが大事なんだろうと思いますね。

時代の大きな変化の波があり、過去の勝ちパターンが常に通用するとは限りません。ですから、僕らはこういったときのために人材育成をし、商品づくりに磨きをかけてブランド力を高めていく。未知数の可能性にも投資をしていく。それが時代の変化にも耐えうる企業の実力を培う本筋だと考えています。

ベビーキッズ用品の大型店は他社にもあります。たとえそういった企業がスピード出店してきたとしても、ねらっている客層が違いますし、僕らは超高級品だから、バッティングの心配はありません。他社とバッティングしないブランド力を今まで築き上げてきたということの強みが生きています。

データを使いこなし役立てる力

最近、若者達の働き方を見ていて気になるのは、無駄が多いということです。メリハリがない。なにかダラーッとしている印象です。仕事には優先順位があるものです。これはいいけれど、これは今すぐやらなきゃいけないとか、重要度の差があると思うんですよ。仕事は長時間していたら、それが努力しているということではないはずです。効率、生産性を厳しく自己評価すべきではないでしょうか。

今の若い人って、自分の仕事はすべてやりこなさなきゃいけないと思うから、時間が足らなくなってくるのでしょうかね。別にデータを出して何になるんだというものも、一生懸命パソコンを使って出していますよ。

パソコンは便利なツールのはずですが、はたしてどうなんでしょう。活かせているのでしょうか。世の中がＩＴが発達しているからといって流されることなく、ＩＴ化の真価をシビアに判断すべき時だと思います。なぜならせっかくパソコンやそれを使ったシステムができて便利になった以上、ちゃんと使いこなしていたらもっと早く仕事が終わるはずだと思うんです。にもかかわらず、スピードアップできていない。

一番の基本を忘れているんでしょうね。ＩＴ化してから、人がものすごく増えましたもの。ＩＴの導入によって効率化を進めるなら、人は減るはずです。ところがデータを処理したり、維持したりで、人は増えています。何のための機械化なのか。それだったらパソコンなしで昔のままでやっていた方がいいと思います。その本質は昔から商売人がやってきたことです。それをコンピュータ化したところで向上するのか。自分の所の身の丈に合うのかどうかを吟味すべきです。そうでなければ電気代がもったいないです。不思議ですよ。

機械化の最初は計算機でした。今のレジみたいな感じの二、三十万の計算機でした。でもその当時も、ソロバンの方が早いなと思いました。そうしているうちに会社にコンピュータが入ってき始めました。

企業というのはメリハリが一番大事で、納品書と請求書さえ発行できればいい。ほかのものは要らない。だから小さいコンピュータでいいという判断を下して、最初はそれしか置かなかったんです。ところが、いろいろセールスが来ますよね。「こういうデータが出ます」と勧めるわけです。「あなた、それはだれが使うんだ?」と。「そのデータを僕は使い切れないから要らない。納品書と請求書さえあがったら、今までのソロバンより早いからそれでいい」。そう言って、むやみにＩＴ化することには反対だったんです。

ＩＴは使いこなすことが大事なんです。たとえばミキハウスは展示会を開いています。そこで注文をもらうんですね。その注文書と納品書とのラインをつくる。それ以上のものは要らない。不必要なものはみんなカットしていました。あれやこれやというデータは要らないんです。

例えば、「今は赤がよく売れていますよ」と言ったところで、じゃこれから染めようとしても半年後にしか上がりません。夏物で赤は流行っていても、糸を買って編んで、仕上がったら冬になりますから、その情報には価値がありません。何の役にも立たない。じゃ、来年役に立つのかといったら、そんなことはあり得ません。

われわれはファッションを仕事にしています。去年黒がよく売れたからといって今年も黒が売れるとは限らないわけです。要するに、去年のデータなんて何の役にも立たないわけですよね。それより、「来年の秋は茶色が流行るかな」とか、「ピンクが流行るかな」と肌で感じる力が大事なんです。でも、今の人はどうしてもデータを取りたがります。あれは不思議だ。データなんて何の役にも立たないですよ。過去は過去ですからね。そういう判断にコンピュータは要らないと思うんです。必要ない。原宿を歩いているほうがよくわかる。

要らないものに労力を使わないようにしておかないといけません。データを活かす方法を自分のものにしたら、データをとっておく価値もあるでしょうけれど、大抵は「とっておいたら何かの役に立つんじゃないか」という程度で終わってはいないでしょうか。

データをとることに価値があるのではなく、使いこなし、役に立てることに価値があるはずです。それを見失ってしまうと、データにならないもっとも大切である無形の情報を獲得する力が弱体化してしまう気がしてなりません。

お客様の信頼、企業にそれ以上のものはない

僕は、三十代後半のときに五年間連続増収増益日本一になったんです。『週刊ダイヤモンド』にその記事が出ました。「五年間連続増収増益日本一！」。その記事が出たとたんに、いっぱいコンサルティングの会社が来ました。

自分でやって日本一になったんだから、コンサルタントなんかは要らないと言うんだけれど、「自分はこういう会社で、こういったコンサルティングをやります」と来る。不思議だなと思っていた。「あなたのところにお願いする気はないから時間の無駄だ。もう帰ってくれ」と、なんど言ったかわからない。紹介者によってはむげにもできず、やっぱり話を聞くことはありますでしょ。仕方ないと思って。つまらない話をしています。

「そんなに利益が上がるんだったら、自分でやれば」と、いつも言うんです。だから今までコンサルタント会社とは一切契約していません。それは、理想論はいくらでも言えますよ。でも、自分ではできない。だいいち、コンサルタントの能書きというのは、もうわかりきっているような話が多いんです。

例えば「顧客満足度を向上させるにはどうしたらいいのか」といっても、それはなにも

難しい経営理論ではなく、商売人としてもともと心根に持っているものです。顧客管理のシステムを作ろうとしても、ほんらい顧客の管理なんかできないものです。

やっぱりミキハウスのビジネスは商品を使っていただいて、消費者に喜んでいただくというのが基本でして、それ以上のものは何もないですよ。お客様に信頼される。企業というのはそれ以上のものは何もないんです。

本当に大事な情報は、やっぱり自分の足で歩いて肌で感じて、人間と心を通じ合わせて、そうやって得られるものです。今のコンピュータのディスプレイに映し出されるような情報とは本質的に異なるものです。そんな数値化された情報を分析して提供しているコンサルタントに頼るのは、やっぱり違うと思っています。

人間だからこそ情が大切

もうひとつ、今の若い人たちの仕事ぶりを見ていて、どうも何かが足りないと思うことがあります。それは何なのか考えてみました。感情というか、情。

やっぱり人間というのは大きな勘違いをしているんですよ。聴覚視覚などを通じて得ている情報がどのくらいのものかと言ったら、本当に微々たるものだと思うんですよ。例えば人間だって服の中は見えないし、自分で見ていると思っていても、見えていない部分はとても大きいわけです。なのに見えていると勘違いしているんですよ。ほとんど情報不足なんです。情報不足でありながら、すべて判断していくものなんです。

コンピュータで解析した数字とか、そんなものも情報量としては実に微々たるものなんですね。ひとつの側面でしかないと思う。ところが僕らは、それをなにか確かな情報と勘違いしてしまうんです。数字を絶対視しすぎます。

それはどういうことかというと、例えば、ある商品がよく売れた。では、それはどのようにディスプレイしてあって、どのように接客してどうしたのか。同じ商品でも置いてある場所が全然違うし、ファッションアドバイザーがどう勧めたかによって、お客様へ伝わる商品価値は全く違ってくるわけです。

本来、商品はものすごくたくさんの人の手を通って流通している。柱の陰に積み上げられて、こんなところでは売れないと言われている可能性もある。様々な条件を加味せずに、売れる、売れない、と数字だけで判断しているかもしれません。

こういうコンピュータ社会には何かが不足している。僕らの営業マンもほとんどパソコンを営業ツールにしているわけですが、パソコンに向かっていると仕事をしていると思っている。データを出してグラフをつくって、昨年対比何パーセントとか分析しているわけですね。でも、会社は生産性ゼロです。逆に電気代を請求したいくらいですよ。で、みんな残業給という概念があるけど、こっちは逆に残業賃が欲しい。その空間を貸しているわけだからね。

たしかに売上げというものは数字で判断されやすいものです。しかし、情報とは何かをもっと深く考える必要があります。たとえば営業においても、本当に小さな情報をおおげさに表に出してくるから、相手の理解とすれ違うわけですよ。「おまえ、何を言ってるんだ」と反感を買ってしまい、それがトラブルになる。要するに、小さな情報しか持っていないのに、謙虚さを忘れている。前年対比だとか数字ばかりを突きつけてしまう。それではだめなんです。自分の情報をすべてと思い込んでしまい、それで組み立てて話をするからややこしくなる。

寿司屋でオーナーが板長をやっているところだったら、すべてがその人のカン次第です。データなんか全然くそくらえ。魚市場に行って、朝早くに揚がった魚を見て、「これはうまそうだ」、「これはいい魚だ」と言って買ってくるわけだ。単にカンだけです。コンピュータで情報を上げてとか、そんなアホなことはしてない。

やっぱりコンピュータ上に現れた数字でばかり話をするのは嫌ですよね。もっと大事なものがありますよ。人間と人間が会ったら何かもっと大事なものがあって、その後に仕事の話があるわけです。フランスに行ったってアメリカに行ったって、彼らは合理的なばかりではありません。人間関係をとても大切にします。

アメリカではよくホームパーティーに呼ばれたりします。彼らがなんでホームパーティーをやるかといったら、それは人間関係をつくりたいからですよ。フランスなら、一緒にワインを飲んで、やっぱりビジネスの前に人間関係をつくる努力をするわけです。それは、世界中一緒です。やっぱり心のつながりです。特にトップたる方々はそれを大事にしておられます。

先日、営業マンに話したのは、もっと感性を鍛えなければならないということ。感性がないと、情報の背後に目が届かないし、謙虚さももてない。感性の部分で欠けるから人間関係でトラブるわけです。もともと人は、それぞれが持っている文化が違いますからね、イコールになんかなるわけがないですよ。

営業マンに言うのは、大好きな女性を口説き落とすんだと思ってやれ、と。そんなときは、ありとあらゆる愛情とか知性、教養、そして時には自分の経済力をも発揮するわけですよね。それが何か足らない。だからトラブる。

女性だって大好きな男性を口説こうとした場合、どんな顔で、どういう態度ですか？優しい顔で話すでしょ。そうすれば絶対トラブルなんかないはずです。

だからカンや感性が大事なんです。人間だからこそ、情が大切なんです。

人間関係では八対二の関係を保つこと

僕がいつも思っているのは、人間関係では八対二の関係を保つことです。相手が八を取るとこっちは二です。相手の方にメリットが大きい。そうすれば問題が生じることはありません。五対五だから問題が起きるんです。よく「フィフティ・フィフティ」なんて言いますが、それではだめです。人間は欲張り過ぎる。当たり前なんですよ、五対五は。当たり前じゃ、やっぱりだめなんです。

自分はこれで平等だと思っていても、そもそも他人同士。根本的な価値観の違いがあるわけですから、ひょっとしたら向こうは自分の方が少ないと思っている場合があります。

たえず八対二で一歩ひいておいたらトラブルはないと思うんです。向こうに八を譲ってこっちは二でいいと思ってやっていたら、「あいつは信用できる」ということになると思うんです。その人は「俺はあいつには世話になってなあ」という気持ちになるでしょう。何か情も濃くなるんですよ。「あいつにはお世話になった」という、しみるような気持ちが大事なわけで、それで両方うまいことといくようになるんです。「あれだけしたんだから、これだけの見返りをもらっても当たり前」という冷たい関係でいったら、いつまでたってもうまくはいきません。

ただ、今の若い人の中には自分にそういう心があっても表現するのが下手な人、どうしたらいいかわからない人もいるんじゃないかと思います。そういう人は、小学生や中学生ならいざ知らず、社会に出る年になってもそうだったら、もうだめなんですよ。やっぱり社会に受け入れられにくい人になってしまいます。勉強不足でしょうね。人間に関する勉強不足です。

人間関係が少なく育ってきてしまうと、そういった心の部分が下手なんですね。今の子どもたちの家庭環境を見たら、もっともっと下手になっていくんじゃないかと心配です。子どもをひとりしかもたないようになってきたら、横のつながりがなくなってきますし、気ままな子ばかりになってきます。

昔みたいに、僕らのように兄弟が六人もいたら親は放ったらかしですよ。ひとりの子どもを大切にしすぎてしまう環境だと、どうしても子どもが増長してしまうでしょう。親の愛情でもなんでも、ひとりですべてをもらいたいというような気になりますものね。六人も兄弟がいたら、そんなこと言っていられません。親の愛情は一番下の子にいきがちです。それで悔しい思いをしても、それを自分で乗り越える術を見つけていくでしょう。そんな体験がなく、過保護に育った子どもが大人になると、どうしても人間力に欠けるのではないでしょうか。

自分の値打ちは自分でつける

さらにもうひとつ、若い人達を見て一番思うのは、自分個人の付加価値を今まで高めていなかったということです。会社に入ってノホホンとしていた。自分個人の履歴書の中に、自分のこういうところを買ってくださいというところがなかったらだめだと思うんです。就職してくるときに突出した能力を持っている人など、ほとんどいないですよ。この人は何ができるのかと言ったときに、本当に特殊な能力を持っている人はひと握りです。

私の友人が、大卒後、某有名百貨店に入ったんです。入ってすぐ英検一級をとって、フランス語もすぐしゃべれるようになった。彼はフランス語は日本語と同じくらいしゃべれて、文章も書ける。それで、その百貨店のフランスの子会社へ十何年行っていましてね、帰ってきたらポストがない。そういう特殊技能がある人間なのにポストがない。この間、定年退職しましたけどね。会社も悪いんじゃないでしょうか。人材を活用できていない。

人事のやりようが目先、目先だからね。実際は彼みたいにフランス語、英語、日本語と三か国語を自由にあやつれて、しゃべれるだけではなくて文章も書ける人間だったら、それは使い道はいくらでもありますよね。で、今はもうミキハウスに来てもらっています。週の半分はうちの海外事業を見てもらって、半分は大学で教鞭を執っている。

要するに、百貨店を辞めても大学教授になり、ミキハウスの営業のトップになったわけです。だから、個人を磨いておかなきゃいけないんです。

彼の場合、それだけ自分で努力したわけです。彼は独学でやるだけやった。自分で付加価値を付けたんだね。

今、サラリーマンやOLで社内で自分が認められていないという不満を持っている人は大勢いるでしょう。それは企業も悪いかもしれない。けれど、自分で努力しないとだめなんです。自分で自分の値打ちを上げないと。「言われた通り一生懸命やりました」なんて、社会では通用しません。みんな一生懸命やっているんだから。自分で履歴書を書いて高値で売れる人材でなければいけません。そういう意味では、今は厳しい時代です。個人一人ひとりが自分の付加価値をどう高めるのか。自分の値打ちは自分で付けなければならないという時代でしょうね。そこに行き着くんです。それは人間、どこかいいところはありますよ。だから自分は勉強はあんまりできないという人は、自分のコミュニケーション能力を磨いて営業力を付けるとか、いろいろな方向性があるでしょう。

それでも、努力というのは表に出たら努力したことにならないから、知らんふりしてやらないとね。「やっています」と言った瞬間にそれは終わってしまう。天狗にならずに、蔭でコツコツと努力することが大事です。

情のある経営

いま、ミキハウスでは二人がＭＢＡ（経営学修士）を取っています。それで、彼らが高値で他社に行ってもかまいません。それは男女関係と一緒で、魅力があったらその会社にいるだろうし、その会社の魅力がなくなったら高値でどっかへ行きますよ。そういう人を会社が育てて、逃げないような魅力ある会社にしなければいけないわけです。

何年か前に、やっぱり企業のお金で留学させてもらってMBAを取ったんだけれども、その方はその会社を辞めてしまったということで裁判になった事件が新聞に載っていました。それは会社が悪い。その人は自由ですよ。最終的には給料の返還か何かあったと思いますよ。それはそうかなと思います。会社から給料をもらっていたんだから。だけど、その人は自由です。

僕だったら裁判なんかにはしません。他に行ったら、「あの会社を辞めて損したな」と思わせるような会社にしたいなと思います。見とけよ、と。辞めたのを後悔させてやるからな、というような気になって頑張る。逆にもっとファイトがわいていいんじゃないだろうか。そう考えるべきだと思いますね。

それとね、その人が「留学させてもらい、この会社にお世話になった」という気持ちを持って辞めてもらわなければ。裁判をしていくらか取ったところで仕方ない。それは、「この会社に不義理をした。この会社にお世話になった」と思って辞めて行ったら、何かいい情報をくれるかもしれない。そういうものが大事でしょ。お金じゃないと思う。情の部分で何か不足しているから、そういう裁判なんて意味のないことをするんでしょうね。そんなのは、勝ったって空しいんじゃないでしょうかね。

やはり、情のある人事、情のある経営でないといけないと思います。

国はもっと若い人に支援を

当社は女性が多いですから、こんなデフレだからこそ国が住宅に対してもっと支援しなければいけないと思います。特にヤングファミリーのニーズに合った住宅が必要です。今後、住宅は余っていくと思われます。子どもが減っていきますが、それぞれの両親に家があって、じいさんばあさんになる。家は余っていっているんですね。だけど、昭和の初めに建てた家に入るかと言うとだれも入りません。自分の親の家なんか、もう嫌ですって。そんな声を聞きます。

それで、少子化になっている原因を突き止めなきゃいけないと僕は思うんです。政府はそれをしていない。女性が子どもを産んでも働ける、そういった住宅づくりもしなければいけないと思うんです。託児とか保育とか、そういうケアだけじゃなくてね。

例えばうちのフランスのスタッフは、子どもを産んで三か月もしたらもう働きに出て来ます。何でかといったら、学生アルバイトのベビーシッターがいるわけです。ベビーシッターも保育教育を受けていて、赤ちゃんを見ながらそこで勉強しているわけです。赤ちゃんの頃ならほとんど寝ていますから、その間にほかの勉強もできるわけです。学生もアルバイトとしては最適だし、働いている女性も安心してその人に預ける。

これは住宅事情がいいからなんです。部屋ひとつひとつが広いし、自分たちのプライベートな部屋には鍵をかけられて、そのアルバイトで来ている学生さんのスペースもある。ですから、子どもを産んでも働ける。男女雇用均等法でいける環境があるわけです。日本はそうでない。

男女の働く機会が一緒だといったって、じゃあ子どもを産んだらどうするんだということになるでしょう。うちの娘がある商社で働いていて、子どもを産んだと言ったら、仕事と育児の両立なんてとんでもない。その子どもを預けておくところがないし、難しい。全く環境的には無理でしょうね。娘のマンションでも、3LDKでもベビーシッターに来てもらえるようなスペースはない。やっぱり国が基準をつくる必要もあるでしょう。それにベビーシッターは若い人を育てるのにもいいと思うんです。赤ちゃんの面倒を見て、それがアルバイトになって勉強もできるというのは、すごくいい経験になると思うんですよ。今は老人に三十兆円からのお金を使っていますよね。だけど、若い人にもやっぱりちょっとお金を使わなければいけないですよね。そうでないと、どんどん少子化になってしまいます。

新しい角度から発想することが現状打破につながる

先日、魚釣りに行きました。そのときに百円ショップがあって、店内を歩いてみるとバケツが百円、洗面器が百円、老眼鏡も百円。何でも百円です。「へぇ」と思いましたね。ともかくいろんなものがあってびっくりしました。イヤホンから大人のTシャツまで百円であるんですよ。すごいですね。どこでどうなってあんなのができてくるのかわからない。中国製とか原価の安い商品を仕入れているのでしょうが。

百円ショップで買ったものだって上手に使っているケースもあるでしょうが、どうしても、安易に買って、安易に捨ててしまうということが多くなるでしょうね。

モノの価値とは何か。それをもう一度考えるところにきていると思います。戦後の日本はモノ不足からスタートしました。それが今はモノ余りといわれる時代です。モノが豊富なばかりか、デフレによって低価格競争が起きました。激安ブームも記憶に新しいところです。

ユニクロが脚光を浴びたときには、アパレル業界に激震が走りました。でも、あの会社はすごい会社ですね。というのは、水平思考に立ってつくられたからすごいなと思います。ほかの真似じゃなくて、オリジナリティあふれていて新鮮ですよね。真似はしょせん真似ですから、他社が低価格ブランドを立ちあげてもユニクロには肉薄できなかったのではないでしょうか。

ミキハウスは、低価格路線をとりません。通常の意味ではバーゲンすらしない会社です。しかし、消費者の考え方にはいろいろあります。消費者が使い分けをしたらいいわけですよ。「一回きりでもいいわ」という人と、高級ブランドを着る人と、上手に使い分ければいいことですから。現に日本の消費者は結構そういうところはしっかりしているというか、高級ブランドも買うけれども、ユニクロも買うと使い分けをしています。

自分の信念を守る部分と、新しい発想を受け容れること、それは相容れないことではないはずです。水平思考が大切と言われるのは、単一の思考に陥っていては発展がないからです。新しい角度から発想することが、現状打破につながるのではないでしょうか。

世界一周とアメリカ進出の夢

ミキハウスには、オリンピック選手だけでなくて夢の実現に向けてがんばっている社員が大勢います。

四年三か月かけて自転車で世界一周をした坂本達君もそのひとり。彼は入社試験の時にヒゲを生やしていた。ところが入社したら剃ってきた。「なんだ、剃ったのか」と言った覚えがありますよ。

ミキハウスには、半年に一度業務レポートを提出する制度があります。彼は毎回、それに「自分の夢」として世界一周の旅を書いていました。入社してから三年間欠かさずに。

「達、巡礼の旅に出るんだってな」

そう声をかけたとき、本人がびっくりしていました。まさか社員としての籍をおきながら長い有給休暇をもらえるとは、本人も半信半疑だったのでしょう。

「無事に帰って来い」

そのひとことだけで送り出しました。

四年三か月といったら、それはひとことで言うほど楽なものではありません。その間、西アフリカのギニアでマラリアにかかったり、いくつもの危険な局面を乗り越えてきています。砂漠の地で孤独と向き合ったり、自分自身との戦いもあったことでしょう。そんななか、自分はひとりで生きているのではないと心の底から実感したと言います。

彼は今、採用を担当しながら、小学校での講演会などでその体験を伝える活動をしています。子どもたちに本当の体験、本当の感動を伝え、心に何かを残して欲しい。彼は昨年も、お世話になったギニアの村に井戸を掘るために再び行ってきました。そんな社員の夢を応援すること。それもミキハウスの事業のひとつです。

もちろんビジネスマンとして大きく成長している社員も大勢います。たとえばアメリカで学んでMBAをとった竹田君。彼は、世界にミキハウスを広めたいとアメリカの社長を自分で志願しました。昔のソニーや日産みたいにアメリカにミキハウスを広めていくという夢があります。面白いですよ。やりがいがあります。

彼は東大の法学部を出て、大手銀行をけってミキハウスにきています。入社してからは倉庫で物流業務をずっとやっていましたが、仕事ぶりは見事だった。アルバイトと同じことを、けっして嫌がらずに一生懸命やっていました。どんなことでも他の誰にも負けないという負けん気を持っていましたから。

だから、私のほうから声をかけた。「ちょっとアメリカで勉強して来い。もう倉庫で学ぶことはないだろ」と。三年ぐらい倉庫にいました。その間、本当に立派だと思って見ていました。あえて彼を倉庫に配属したんです。一番基本となる商品を大切にするという部署ですからね。東大卒の人は多いけれど、そんなプライドだけでは生きていけません。

海外を攻めるのはこれから

ミキハウスはいま第二の創業期だと思っています。韓国でもアメリカでも大きなマーケットがありますから。韓国なんかは具体的に今も商売をしているんですけれど、日本の三分の一くらいのマーケットがある。「本気で韓国をやりましょうよ」という話もあります。ヨーロッパでもやっていますけれど、まだ本格的にはやっていませんので、これからが楽しみです。

前述した竹田君がニューヨークで事務所をつくっています。彼は、「僕はアメリカの社長をしたい。アメリカを攻めたいんです」と言うから、「やれ」と言っています。アメリカも大きなマーケットですね。だから、そういう面ではなかなか面白いですよ。ちょうど第二の創業期みたいな感じになりますね。われわれが海外を攻めるのはこれからです。そして、若い人がそういう具合に育ってきていますから、じきに形になってくると思いますよ。そういうキーマンが現れてきたら強いです。

彼が言っています。

「アメリカを制覇するのに多くのショップは要りません。一店舗あったらいい。一店舗あったら、あとは通販でアメリカはいける。高級な店をイメージショップとして一軒持って、あとはそこでパソコンを使って、デジタルで写真を撮って、それで商売ができる」

もうショップなんて要らない時代です。しかし、ゼロではいけない。ニューヨークなら五番街に近いところに一軒持って、「店に来ないでも買えますよ」とアッパークラスに発信したら、それは十分に商売できる。そういう時代です。

中国も大きなマーケットです。先日も社員が行ってきています。だから、自然の流れですね。これから若い人たちが主流になって、海外展開が広がっていきます。中国はこれからますます経済力が上がってくるでしょうし、韓国も有名デパートに全部入るようになると思います。

いま、韓国や中国からの観光客も増えています。ミキハウスの商品は向こうの人にとってはずいぶんと高級品ということになると思いますけれど、それでもやっぱり買いたいという方もいらっしゃるわけです。日本人がパリに行ってエルメスやルイ・ヴィトンを買うのと一緒で、やっぱり日本に来た方がお土産でたくさん買われています。日本で買ったら安いと。香港で買っても一・五倍くらい、韓国でもそれぐらい、台湾でもそうです。それで、日本に来たらまあまあの価格で買える。現地では関税がありますし、プラス向こうのお店の利益がありますからどうしても高くなりますよね。でも、商品の良さが浸透してきているのです。

さきほどの韓国にしたって、今は年間に一億か二億くらいしか取引がないんです。でも、新しいパートナーが言うには、「韓国は日本の三分の一の経済力がある。だから百億は売れる」というわけです。「にもかかわらず、いまは一億しかやっていない。おかしいじゃないか。だから自分と組んでほしい」と。これからは若い人の創造力と行動力でいい結果が出てくるだろうと思っています。

ミキハウスはじきに、間違いなく国内の売上げよりも海外の売上げが上回るようになるでしょう。それは、こういう夢の実現に向けて頑張っている社員がいるからです。

ミキハウスの海外展開は、二十五年くらい前にフランスで開かれた、SIME（国際子供服見本市）という展示会に女房と出かけたことに始まります。展示会会場をずーっと見ていましてね、そんなにいいものはないんですよ。ベルギーとかスペイン、イタリア、フランスといろんなヨーロッパの国が出店していました。

それで、これはミキハウスもぜひ出したいと思いましてね、一九八三年（昭和五十八年）、この国際見本市に出したんです。われわれの製品はすごい人気でした。向こうには「ワンルックトータル」という概念がないんです。帽子から靴まで全部そろえてという概念がなくて、すごい人気でした。

ちょっと余談になりますけど、向こうって油断もスキもないんですね。みんな盗っていくんですよ。展示会に出品している物を盗るんです。当時はミキハウスのダイバーズウォッチなんて時計まであったんです。それがすぐになくなってしまう。ディスプレイしていて、あっち向いてこっち向いたらもうない。それで、夜には警備員を雇いました。すごいですよ。日本って本当に安全な国なんですね。余談ですけど、本当に文化の違いってすごいなと思いました。

展示会ではすごく好評でしたけれど、輸出となると綿製品は一〇〇パーセントの税金がかかります。こちらはそんなことを知らずに計算しないでやりましたからね。注文はたくさんもらったものの、大変な目に遭いました。

なかでもスペインの人がすごく気に入ってくれて、タグも偽物を付けてくれと言われました。ポリエステルとか、アクリルとか。なぜかというと綿は税金一〇〇パーセントなんです。例えば、三千円で売るとなったら三千円の税金が付きますから、そんなものは売り物にならないわけです。「ウソでいいからアクリル一〇〇パーセントと表記してくれ。こっちで付け替える」というわけ。でもそんなことはできません。展示会をするたびに来て、たくさん注文をくれる。これはものすごく売れると。だけど、綿製品は入れられない。日本の米みたいなものですね。なかなか米は入れないでしょ。それと一緒で、スペインも綿というのはものすごく大事な輸出品ですから輸入はさせないわけです。

そうこうしているうちに、展示会に少しずつ出すよりも自分のお店を持とうということになった。パリの一番いい場所、ビクトアール広場に店を持ったんです。一九八五年（昭和六十年）のことです。むこうは環境保全ですか、そういうのが厳しいので、工事でちょっと開店が延びました。ミキハウスの看板でも、ショップの中はいいんですが、外では赤は使えないとかね。ビルも五百年くらい前のビルなんです。ですから、鉄骨を入れていろいろと大変な工事でした。ちょうど高田賢三さんなど日本人のデザイナーが注目され始めた頃です。店も「ケンゾー」の近くでした。

サンシュルピスとサントノーレでもオープンしました。パリは現在この二店舗。あとはミラノのショップですね。

しかし、ＥＵになっても関税の問題はあります。日本からフランスへは割合普通なんです。日本はフランスから相当輸入超過なんですね。化粧品やバッグなどがありますから。だから、むこうもメイド・イン・ジャパンに関してはＯＫなんです。だけど、メイド・イン・ジャパンでフランスに輸出しているものなんか何もないですよ。見たことない。うちが大きいくらいじゃないですか。

ただ、ヨーロッパではモナコにも、これは小売店ですけどうちの製品を置いたりしているんです。ヨーロッパの顧客というのは、それはすごいですよ。そうそうたる方々が、ミキハウスの顧客名簿に名を連ねておられます。モナコの王室とか、そういう人が顧客です。

これは商品のクオリティのおかげですね。この間もうちのスタッフがフランスに行って言っていたけれど、現地スタッフのみんなが商品に誇りを持っている。商品そのものが、他に追随するものがないんですよ。

ですから、海外もようやくこれからというところでしょうね。ちょうど面白くなるところでしょう。

アメリカ某大企業から訴えられた

アメリカでは、以前はすごく売っていたんです。それでアメリカの某大企業に訴えられた。その会社のキャラクターの名前が、うちの社名と似ているからでしょうか……。ただ当時、日本国内で商品が足らなかったんです。つくってもつくっても足りないのに、アメリカがいっぱい注文してくるわけですよ。ものすごい注文をしてきます。ニューヨーク・タイムズに一ページ広告を打つくらいでしたから。それだけ仕入れているわけです。

日本国内で商品が足らないのに、アメリカに輸出していられない、と。そんな状況で頭を痛めていたときにその某大企業が訴えてくれた。ラッキーと思ってね。これは本当にラッキーなんですよ。

それで、僕はすぐに手紙を書いた。

「今こうやってブランド名で訴えられている。今までの注文分は送るけれど裁判になりそうなので新しい受注は控えてほしい」

そういうことを言って何とかおさえることができた。それでも、商標権はアメリカではうちが持っているんですよ。どんな企業がいくら訴えたって僕のところが持っているから問題ないんですけれども、とにかく国内で商品が足りませんでしたから、実にありがたい訴えでした。

でも、当時は円が三百円以上でしたから、今の三分の一で輸出できたわけです。今みたいに百十円になってしまって三倍になっていたらどうなっていたかというと、これは疑問ですね。当時、日本はものすごくラッキーな立場でしたから。今の中国みたいにものすごい円安だったから、輸出は楽だったんです。ミキハウスは、ものすごくついているわけですよね。アメリカ国内で訴えられたことをきっかけに、円高と一緒にやめられたから。ビジネス相手に迷惑をかけないでやめられたわけです。

でも、今この百十円時代になっても、やっぱりブランド力で売れるだろうと思っています。現在アメリカに行っているうちの社員が自分の子どもにミキハウス商品を着せていたら、「どこで買った」としょっちゅう言われると。「どこに売っているんだ」とかね。だから、彼はすごい自信を持っている。やっぱり製品の品質というのはどこの国のお客様でも見てわかる、使ってわかる。だからこそブランドが評価されるわけです。それが商売のベースでしょう。それが物づくりの基本だと思います。

わかる人が使うとわかる

ナイキの創業者が二〇〇〇年（平成十二年）の秋頃、大阪の八尾まで来ました。それまで、何度も何度も向こうがアポイントメントを入れるんだけど、向こうの日程と僕の日程が合わない。それで、彼が自分のジェット機で日本に来て、八尾の本社に来てくれました。

彼はうちの海外の直営店を全部知っていました。彼は向こうで自分の孫に買っているんだと言っていましたね。ミラノで買い、カナダでも買っていると。ナイキのオーナーは世界中を動きまわっている。それで、「アメリカで一緒にビジネスをやろう」「企画は我々にはできない。だから、あんたのところで企画を出してくれ。あとはこっちでやるから」と言うんです。

そして、「僕はこうやってわざわざアメリカから来たんだ。次はあんたがアメリカへ来る番だよ」と言って帰りました。僕はまだ行ってないんだけど。

ナイキは子ども衣料というのは全売上げの一パーセントに満たない。だから、その部分で共同事業をやろうよということです。それには答えていないけれど、次の代の人がやればいいとは思っています。要するに、そういう願望を向こうは持っている。

彼は自分の孫にはミキハウスを着せていますから、やっぱりクオリティにほれているわけですよ。アメリカにもヨーロッパにも子ども服メーカーはたくさんあります。でも彼はミキハウスの商品をヨーロッパで買って、カナダで買って、八尾でもいっぱい買いました。「あげる」と言ったら、「自分で買う」というわけ。それで、何点かは「これを持って帰れ」とあげたけれど、いっぱい買って帰る。せっかく日本に来たんだからと言っていました。やっぱり商品に惚れているんです。使ってみたらわかる。わかる人が使うとわかるわけです。

僕の部屋から八尾空港の滑走路が見える。そうしたら「なんだ、君のところにも空港があるのか」と言うんです。ミキハウスの自社の空港だと思っている。自分のところには空港があると言って「自分の飛行機で来たよ」と。自分のジェット機で来るんだから、けたが違います。だけど、ナイキの偉い人がTシャツにジーンズにスニーカーで来るんだよね。一見すると、本当にそこらのおっちゃんですよ。アメリカってすごいですよね。大物中の大物、本当に実力のある人は気さくなんですね。

第八章　未来へ

一着を三人で着てくれたら、ゴミの量は三分の一に減る

二十一世紀。環境問題はもはや避けては通れません。焦眉の問題と認識しています。そこで僕らはリサイクルにもっと力を入れたいと思っています。やっぱり企業というのはある意味で地球環境に優しくないといけないと思うんです。

僕が思うのは、消費者ばかりに責任を押しつけてもしようがないということです。この地球上に六十億の人がいて、気をつけなければ地球はゴミだらけになります。ゴミの処理をするのにコストもかかり、汚染の問題もあります。みんなが環境問題に関心をもたなければいけないと思うんです。その第一歩として、一人ひとりがゴミを出さないように考えなければならないでしょうね。

ミキハウスが一生懸命つくり出した商品でも一代かぎりで捨てられたら、すごいゴミの量になりますよね。それが、一着を三人で着てくれたら量は三分の一に減ったと考えられます。そういった考え方が僕は大事だと思っているんです。つくったものがすぐゴミになって燃やされるということのないように、仕組みづくりをしていきたい。

ミキハウスのものは高い。一回どこかの赤ちゃんが使った。その赤ちゃんが成長したら、

もうこの服は要りません。そこでリサイクルに出す。その人が値段を決めてうちが売ってあげる。普通は八千九百円だけど、その人は千円でもかまわない、と。中古品だけど、洗濯はちゃんとできてます。それが千円で買える。千円だったら、ほかに行くよりもミキハウスの中古の方がいいと言う人がいてもいいと思うんです。

ミキハウスのショップに、お客様が買い物のついでに自分の子どもが着られないようになった服を持って来て、自分で値を付けて置いておく。別のお客様がその値段に納得できればそれを買う。われわれは仲介するだけで、また集金に来てもらうという具合にしたいですね。そうでないと今は運賃は高いし、振込料は高いしで、どうかするとマイナスになってしまいます。しょっちゅう行っているショッピングセンターで出品できて、ちょっとおかずの足しになるような収入にもなれば、お母さん方も楽しいし、一方で安くミキハウスのものが買えてよかったと思ってくれる方もいる。すべてが無駄になりませんよね。ちゃんとそういうことができる会社にしたいと思っています。

ですから、そのリサイクルに今度ちょっと力を入れてみたいなと思うんです。そういうのを着てみて、「いいな」と思ったら、では次にボーナスが出たときに靴でも新品を一個ぐらい買おうかとなる可能性もありますしね。

簡単にゴミにならないような戦略として、いま、京都のミキハウスビルと名古屋のミキハウスビルでそれを始めました。それを全国ネットでどこでもリサイクルできるようにしたいと考えています。やっぱり「環境に優しい企業」というのがテーマですね。

アパレル会社が自社製品のリサイクルを手がけるのは、ほとんど例がないと言ってもいいでしょう。しかしこのリサイクル事業も品質への自信があってのことと言えます。フランスやイタリア製の高級バッグが新品だと三十万円だけれど、中古で十七万円であれば、「半額だからこれでいい」という人もいるでしょ。それはお客様が選択すべきです。

僕のところの製品は一代ではもったいない。三代から四代ぐらい着られる服ですからね。逆に洗濯をしてすぐくちゃくちゃになるような服だったら、いくらリサイクルでも人様にはあげられません。うちの娘があるブランドのものを買ったんです。一回洗濯をしたら終わってしまいまして捨てていました。こんなのはつくる方もつくる方だけど、買う方も買う方だなと言いました。しかし、本気で「ゴミにしたらいけない」という考え方でやっていかないと、環境問題は解決に向かわないと思うんです。

せっかく自分たちが品質重視でつくったのに、そういう仕組みづくりがちゃんとできていなかったら最後はゴミになるしかないんです。少子化によって、お下がりを着させることが少なくなりました。今のところ、高価ですからお友達にあげたりとかされていますけれど、企業としてちゃんと参画していかなければならないと思ってます。

ユニクロがフリースのみリサイクルをしていますが、ペットボトルなどの材料として使っていますね。本当はひとつの製品を使うのはリユースというのですが、製品を断裁したりせず、そのまま使う方が負荷の少ない方法だと思っています。

地球に優しい会社しか将来は生き残れない

ミキハウスは、今日のように環境問題がクローズアップされる以前から、ギフトでも包装紙はなかったんです。創業以来。それがトラブりましてね。「何で包装ができないんだ」と。やっぱり包装は文化だというわけです。包装紙なしでギフトもやっていたんです。でも、百貨店に出店したら包装紙なしではだめなんですね。十年くらい前から包装紙を使い始めました。本当は僕はしたくないんです。どうせそれはゴミになってしまうんですからね。箱があって、そこにひもをかけて終わりというくらい簡単にしたいんですけど、それは世間が許してくれない。ですから、難しいところです。

百円ショップで大量に買って、一回使っただけで捨ててゴミの山になってしまうのでは、もったいない。ヨーロッパの人々はいいものを大切にしますね。家具でも、フォークでもナイフでも銀でつくって、日本みたいに簡単にゴミにしませんものね。消費者も意識を変えていく必要がありますが、メーカーもやっぱり環境を考えなければならないと思うんです。真剣にそういうことを考えていったらなにか見えて来ると思うんです。

今の会社はみんなそうでしょう。電機メーカーでも部品を外してまた再組み立てしようという方向に進んでいるでしょう。いいことだと思っていますし、われわれアパレルもそういう方向でいかなければならないでしょうね。生地を破いて繊維にしてというわけにはいきませんから、そのままの形で、次に欲しい人に渡っていったらいいんです。せっかくいいものをつくっているんですから。ゴミにならなかったら地球に優しいですよね。

企業としては、売っただけで仕事が終わったわけではないと思うんです。なにも売上げ何千億の会社が偉いわけではないと思いますし、地球に優しい会社しか将来は生き残れないと思います。

震災の時にミキハウスから服をもらった子が、新入社員に

ミキハウスは様々なボランティア活動にも取り組んでいます。だけど、そんなことはあまり広告になるといけない。変にしゃべったら広告になってしまうので難しいところですね。まあ、いろいろやっていますが単なるお人好しなだけで……。

阪神の震災のときでも、役所の危機管理とか全然なってない。役所の人間って、過去になかったことにはなかなか対応できないんだよね。あんな寒い中、五千人もの人が亡くなって、みんな家が燃えてしまったわけでしょ。でも、われわれにだって何かできることがあるじゃないですか。例えば履物とか服とか毛布とか、何か役に立つものはないかなと思って、役所にいくら連絡しても埒があかない。それで、当時の運輸省の友達に言って通行許可証をもらい、トラックを並べて、社員を乗せて服を持っていった。服を配りに行ったんです。うちの社員が行ったら、一日で子どもを見たらわかるでしょ。これは何歳の子だからこれを着せようと。そうしたら、「寒い、寒い」といっていた子がもらっていく。

ボランティアという言葉じゃなくて、困っている人を見つけたら自然に手を差し伸べる国民でなければいけませんよ。

僕のところでは、全社員が出てきて徹夜で服の一枚一枚にメッセージを書いたんです。トラックに服を積んでいくのに、行かれない社員もいっぱいいるじゃないですか。みんな心から何とかしてあげたいと思っているんですね。それでメッセージを書いたんです。一般業務はちょっとストップして全員でやったんです。「がんばれ」と。ただ物をあげただけと違います。全部にメッセージを入れたんですよ。

その後、最近になってですが、入社式で新入社員代表がそのエピソードを語ってくれました。「並んでミキハウスの服をいっぱいもらった。その中の一枚一枚に違うコメントが全部入っていました」と。あの震災の時にミキハウスからメッセージつきの服をもらった子が、新入社員になっていたんです。

僕はびっくりして、みんなで徹夜してメッセージを入れたことを思い出した。みんなでペンを持って、一枚一枚書いて、それを配っていったことがまざまざと思い出されました。僕らは忘れているじゃないですか、そんなメッセージのことは。でもその子はそのとき決めたみたいです。「私は将来ミキハウスで働くんだ」と。中学生くらいだったのかな。でもそんな風に心に残っていてくれたというのは、とてもうれしいことですね。

震災のときは他にもいろいろなことがありました。「神戸そごう」さんもひどい打撃を受けてしまったので、取引は一年間二〇パーセントの値引きをしたんですよ。ですから、二億円売ったとして四千万円くらいの寄附をしたようなものだろうね。「大丸」さんにも同じようなことをやりましたよ。早く立ち直ってほしいという気持ちでした。僕らの服も水浸しになって大きな損害を被りましたけどね。それより「神戸そごう」さんの方が大変でしょ。「大丸」さんもそうです。「大丸」さんは全部つぶして建て替えたんです。ですから間接的な寄附ということですけど、しました。

ところが、なかにはやっぱり心ない会社があって、そんなときに商品を引き上げて、もう取引しないという会社もありました。震災に遭ったなか頑張ってやっているんだから、協力してあげたらいいのになと思いながら、ひどい会社もあるもんだなと思いましたね。ビジネスだからといって情け容赦のないやりかたでいいのかと言ったら、はっきり言ってそうじゃないですよ。

僕が若い人に言うのは、「せっかく生まれてきたんだから、何かひとつ後世に残ることをしようよ」と。何でもいい。何も大きなことをすることはない。せっかく生まれてきたんだから何か……。何でもいいです。目先ばっかり追わないでね。そういう考えで生きていけば心豊かになりますよ。

「あの会社がなくなったら困る」と言われるような会社でいたい

けっして小さい会社でいいとは思っていません。でも、売上げとか利益の大小ではなくて、社員が胸を張って名刺を出せる、そういう会社にしたい。それが根底にあるから今日があると思うんです。

企業イメージを確立するには、うわべだけの広告戦略とかブランド戦略ではないと思います。小さい会社でも胸を張れる会社ってあると思うんです。下手に売上げばかりを追っていると、スポーツ支援もボランティアも、それは無駄遣いになってくるわけです。

そうじゃなくて、やっぱりそこに勤めている人が胸を張れるということが大事です。社名を言うのに小さい声でぐじゅぐじゅっと言わなければならないようなことのないようにね。

お金を使って広告をしてというのは後の部分であって、もっと最初に大事な部分があるわけ。その根本を大事にした上で、ミキハウスの企業イメージを消費者のみなさんに理解していただくために昔から気をつかっているところはあります。例えばミキハウスは早くから女性のファッション雑誌に広告を出しました。やっぱり僕らはおしゃれな本に広告を出したいわけですよ。テレビでもいい番組にしか出したくないし、視聴率が高いと言っても低俗な番組には出したくない。企業としてのちゃんとしたコンセプトがあり、売れればいいというのとは違いますから。そういうのはきっちりしていく。

だからこそ、私たちのそういった姿勢が徐々にお客様の心に残っていったのだと思います。広告に幾ら使ったから売上げが何パーセント上がった、といった計算づくでやっているわけではありません。

企業としてあるべき姿、理想の姿ってありますよね。これからも、常にそれを目指して運営していきたいと思います。ですから、企業規模の大小ではないと思います。いくら大きくても、すぐにゴミになってしまうような商品をつくっている会社もあります。また、何の社会貢献もせずに、ただただ自社の利益のみを追いかけている会社もあります。

でも、僕は、やっぱり世の中のためになるものをつくり、ためになるサービスを提供していきたい。たとえ企業としては小さくても、多くの人から「あの会社がなくなったら困る」と言われるような会社でいたい。そう思っています。

ミキハウス略年表

一九七一年	九月	ベビー子供服製造卸を三起産業として個人創業
一九七八年	九月	三起商行株式会社を設立。第一号直営店京都BAL店オープン
一九八五年	九月	パリに海外法人MIKI HOUSE FRANCE設立
一九八七年	二月	トラディショナルブランド「MIKI HOUSE COLLECTION」発表
		第一号海外直営店パリ・ヴィクトワール店オープン
	十二月	「ミキハウスの絵本」発刊
一九八九年	六月	ヴァイオリン教室「ヴァイオリン クレフ」開設
	七月	新生児ブランド「MIKI HOUSE FIRST」発表。
		デザートブティック「La glacerie（ラ・グラスリィ）」開設
一九九〇年	九月	カナダに海外法人MIKI HOUSE CANADA設立
一九九一年	一月	本社ビル竣工
	三月～六月	ウィーン少年合唱団日本公演に協賛
一九九三年	七月	マタニティーブランド「MIKI HOUSE MUM」発表

一九九七年	五月	イタリアに海外法人MIKI HOUSE ITALY設立
一九九八年	一月	(株)ミキハウス&小学館プロダクション設立、幼児教室「キッズパル」運営
	八月	アメリカンカジュアルブランド「MIKI HOUSE DOUBLE—B」発表
二〇〇〇年	三月～十月	THE CONVOY SHOW「新タイムトンネル」に特別協賛
	九月	シドニーオリンピックにスポーツクラブより十名の代表選手を輩出、 柔道部野村忠宏の金メダルをはじめ五つのメダルを獲得
	十月	ミキハウス子育て総研(株)を設立、 育児支援ポータルサイト「ゴーゴー育児ドットコム」運営
二〇〇一年	三月	ベビーブランド「MIKI HOUSE HOT BISCUITS」発表
	九月～十二月	創業三十周年アニバーサリーイベントを全国で開催
二〇〇二年	四月	リサイクルショップ「MIKI HOUSE Used Market」開設
	七月	総合ベビーショップ「Hello赤ちゃんMiki House」 奈良イトーヨーカ堂店オープン
	十月	「Hello赤ちゃんMiki House」箕面ヴィソラ店、尼崎カルフール店オープン
二〇〇四年	八月	アテネオリンピックに十数名の選手を輩出

木村皓一（きむら　こういち）

一九四五年（昭和二十年）二月二十三日滋賀県彦根市生まれ。一九七一年（昭和四十六年）に三起産業を創業。一九七八年（昭和五十三年）三起商行株式会社を設立。現在フランス、北アメリカ、イタリアの現地法人を含め国内外に十一の関連会社を有し、そのグループ代表を務める。「ミキハウス」ブランドのチーフデザイナーの夫人との間に一男一女、孫一人。うお座、O型。無類の野球好きで、全国ロータリークラブ野球大会では二連覇を達成。三連覇目指して精進中。監督兼サード、二番。

ミキハウス・スタイル

惚れて通えば千里も一里

著者　木村皓一
発行日　初版第一刷　二〇〇四年六月三十日
発行者　木村皓一
発行所　三起商行株式会社
〒一五〇-八三〇五
東京都渋谷区神宮前一―八―二
TEL　〇三-三四〇三-二三七七
企画・制作　株式会社ミキハウス
印刷・製本　大日本印刷株式会社
写真提供　株式会社フォート・キシモト
F・S・Tサポーターズクラブ事務局
福島正造(スタジオワイズ)
大槻隆行
取材　大島みどり
ブックデザイン　前田茂実
編集協力　ゲイン株式会社
落丁本・乱丁本はお取り替えいたします。

ISBN4-89588-808-8 C0034